위험한 물리

위험한 물리

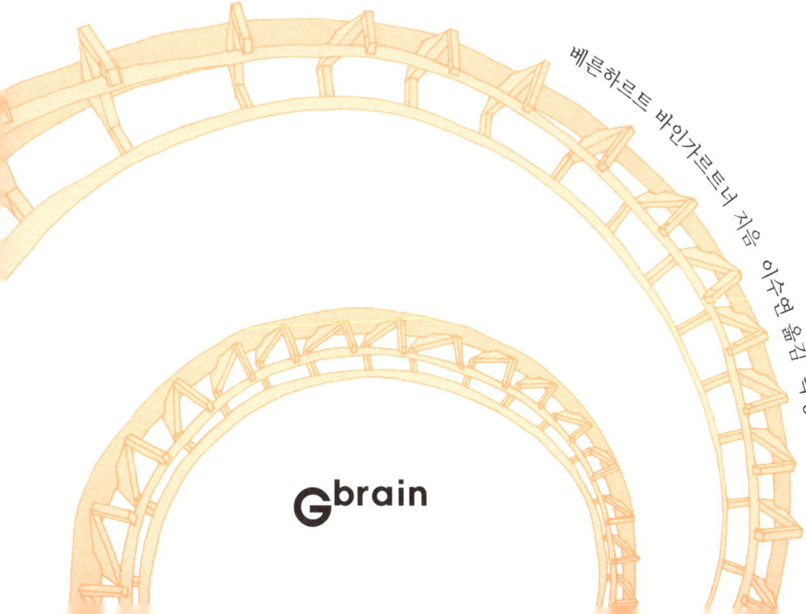

베른하르트 바인가르트너 지음 이수연 옮김 곽영직 감수

Gbrain

목차

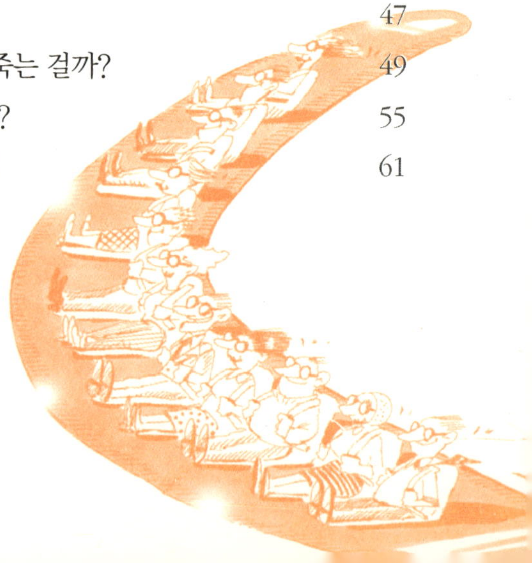

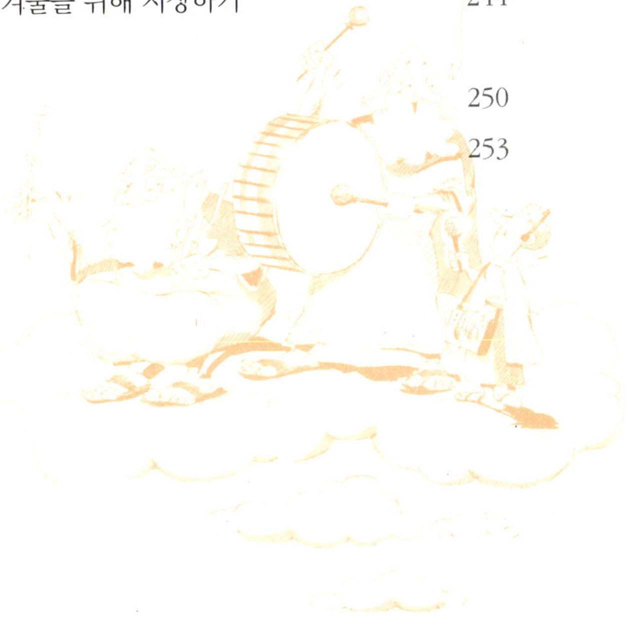

머리말

나는 얼마 전에 단체 여행객을 인솔하고 리비아에 다녀온 여행사 여직원을 만났다. 그녀는 여행객들과 시리아 남부 사막지대에 텐트를 치고 야영을 했는데, 그때 이상한 경험을 했다고 한다. 한밤중에 귀를 찢는 것 같은 큰 소리가 나는 바람에 여행객들이 모두 잠에서 깼다는 것이다. 그 소리는 마치 비행기가 바로 머리 위를 지나 착륙하는 것처럼 컸다. 모두 놀라 텐트 밖으로 뛰쳐나갔지만, 별이 가득한 사막의 맑은 밤하늘에서 비행기 불빛이라고는 찾아볼 수 없었다. 물론 다들 그 소리의 정체가 궁금했다. 한데 그 소리를 낸 것은 무서운 사막 괴물이 아니라 바로 물리적 현상이다.

사막뿐 아니라 바닷가, 눈이 내리는 겨울, 트레킹이나 도시 여행에서도 우리는 흥미로운 현상들을 경험한다. 그 현상들은 눈송이처럼 작거나 초대형 파도와 같이 큰 것에서 나타나기도 한다. 그것들은 위험하거나 유용할 수도 있으며, 아름답거나 기이할 수도 있다. 그러한 현상들을 만나고 싶다면 단지 눈을 크게 뜨고 세상을 바라보기만 하면 된다. 그다음에 할 일은 그 뒤에 숨은 원리가 무엇일까, 어떤 메커니즘으로 그런 현상들이 나타나는 것일까 고민해 보는 것이다.

세부 사항들에 대해서는 학자들 간에 여전히 의견 다툼이 존재하지만, 여러 가지 물리적 현상들 뒤에 숨은 기본 메커니즘은 대부분 간단하게 설명할 수 있다. 나에게는 아이가 넷이 있는데, 아이들과 체어리프트를 타려고 기다릴 때나 페리를 타고 호수를 건널 때, 또는 차를 타고 몇 시간씩 고속도로를 달려야 할 때 물리 세계에 관한 재미있는 이야기를 들려주면 참 즐거워한다. 그건 아마 다른 아이들도 마찬가지일 것이다.

물리적 현상을 가장 확실하게 이해하는 방법은 직접 실험을 해 보는 것이다. 그래서 이 책에는 물리 현상에 대한 설명과 함께 몇 가지 간단한 실험이 소개되어 있다. 그리고 실험을 위해 빈 플라스틱 병, 일회용 주사기, 클립, 헌 테니스 양말 등을 본래 용도와 다르게 재활용하였다. 이렇게 일상용품을 이용한 간단한 실험들을 통해서 종종 놀라운 현상들을 관찰할 수 있다. 가족이나 다른 여행객들과 함께 원리에 대해 추측하고 토론해 보는 것도 재미있을 것이다. 그러다 보면 지금까지 너무 당연하게 생각해서 한 번도 궁금해하지 않았던 많은 질문들을 스스로 던지게 될 것이다.

이 책이 여러분에게 즐거움과 동시에 종종 '아하!' 경험을 선사하기를, 또한 여러분이 시도하는 실험들이 모두 성공하고, 이를 통해 함께 여행하는 사람들의 과학적 감수성을 자극하기를 바란다. www.BWeingartner.at를 방문하면 그 밖의 다양한 정보와 참고 문헌 그리고 나의 연락처가 소개되어 있다. 독자 여러분의 많은 참여를 기대한다.

2009년 7월 오스트리아 로이타슈Leutasch에서
베른하르트 바인가르트너

제1장

모래사장에서 배우는 과학 원리

젖은 모래사장에서 조깅해도 발이 젖지 않는 이유는?

놀이터나 유치원마다 없는 곳이 없고, 아이나 손자, 손녀가 생기면 부모나 조부모가 곧바로 만들어놓는 것. 중부 유럽의 유아교육에서 절대 빠져서는 안 되는 것, 그것이 뭘까? 바로 모래 상자다.

우리는 누구나 어린 시절 모래 놀이에 대한 기억이 있다. 모래 놀이를 통해 무언가를 만들고 부수는 첫 경험을 했고, 모래 상자 안에서의 놀이로 처음 이성에게 접근하는 시도를 해 본 사람들도 있을 것이다. 물론 여기에서는 사랑이라는 감정보다 모래라는 매개에 관심을 집중할 것이다.

모래가 교육 재료 중 가장 가치 있다고 인정받는 데는 그만한 이유가 있다. 그것은 바로 모래의 다양한 특성 때문이다. 일단 모래는 고체의 성질을 갖는다. 덕분에 우리는 아무런 문제 없이 모래를 밟고 그 위를 걸어 다닐 수 있다. 또 자동차로 모래 위를 달릴 수도 있다. 물론 그것은 모래가 가진 여러 가지 상이한 특성 때문에 특별한 도전이 되기도 하며, 오히려 더 매력을 갖는다. 그리고 모래가 가진 고체의 성질 덕분에 모래층은 무너지지 않고 건물들의 무게를 견뎌낸다.

한편 마른 모래는 우리가 액체의 성질이라고 알고 있는 특징들도 가지고 있다. 그래서 모래는 모래시계 안에서 균일하게 아래로 떨어지고, 깔때기를 통해 흐르거나 경사면을 따라 흘러내린다. 그러나 사막에서 바람에 날리는 모래는 기체 분

자의 운동을 떠올리게 한다. 각각의 모래 알갱이는 마치 기체 분자처럼 다른 알갱이나 바닥과의 충돌 속에서 아주 먼 거리를 자유롭게 날아간다. 따라서 어떤 장애물에 부딪혀 더 이상 전진하지 못하고 거대한 언덕을 형성하기 전까지 모래는 먼 거리를 효과적으로 이동할 수 있다.

이렇게 모래는 그 물리적 성질에 있어서 고체-액체-기체로 구분하는 고전적 구분에서 벗어난다. 그리고 많은 놀라운 특성들을 지닌다.

우리는 바닷가 모래사장에서 아침 조깅을 즐길 때도 모래와 관련한 흥미로운 현상을 만날 수 있다. 사람들은 대부분 파도가 다가왔다가 되돌아가는 선을 따라 달린다. 물 쪽으로 너무 깊이 들어가지도 않고, 그렇다고 발이 푹푹 빠질 정도로 부드럽고 경사가 진데다가 물에서 멀리 떨어져 모래가 뜨거울지도 모르는 곳도 아닌, 정확히 중간 어디쯤을 선택한다. 파도가 부서지면서 가끔 발이 물에 잠길 정도가 되는 바로 그곳, 매끄럽고 단단하며 물에 젖어 시원한 모랫바닥이 조깅하기 딱 좋은 곳이다. 그런데 방금 파도가 밀려왔다 밀려가서 바닥이 아직 물기로 반짝거리는 곳을 밟으면 놀랍게도 발이 젖지 않는다. 오히려 그 반대이다. 발자국이 난 곳을 중심으로 모래가 순간적으로 말라 버린다. 어떻게 그런 현상이 나타나는지, 간단한 실험을 통해 그 이유를 알아보자.

TIP

모래를 채운 풍선

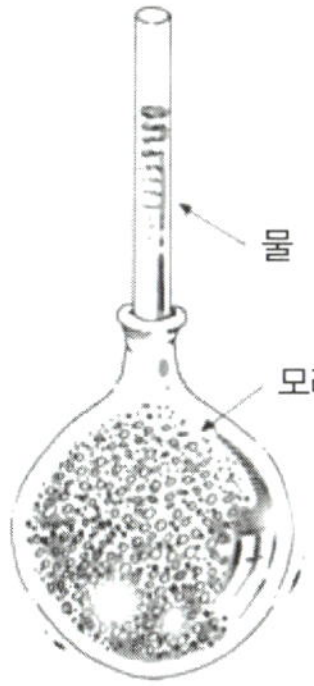

풍선에 물과 모래가 액체 형태에 가깝도록 섞인 혼합물을 채운다. 그다음 안이 들여다보이는 투명한 관(예를 들어 심을 뺀 볼펜)의 한쪽 끝을 2~3cm가량 풍선의 공기 주입구 부분에 끼워 넣는다. 관과 연결된 풍선 주입구를 내용물이 새어나오지 않도록 동여맨 후 관의 거의 맨 윗부분까지 물을 채운다. 잉크를 몇 방울 섞으면 관 속의 물 높이를 더 잘 확인할 수 있다. 이제 여행 파트너에게 두 손가락으로 세게 풍선을 누르라고 한다. 이것을 실행에 옮길 가장 좋은 시점은 그 파트너가 우아한 저녁 식사에 입고 가려고 아껴두었던 흰색 셔츠나 블라우스를 여행 가방에서 막 꺼내 입었을 때이다.

이제 무슨 일이 일어날까? 관에서 튀어나온 잉크 물이 파트너가 새로 꺼내 입은 새하얀 옷에 튀어 결국 옷을 곧장 세탁소로 보내야 할까? 아니다. 신기하게도 아무 일도 일어나지 않는다. 풍선을 누르면 관 속의 물 높이는 오히려 빠르게 내려간다.

풍선 안의 모래알들은 처음에는 촘촘하게 밀집되어 있고, 알갱이 사이의 작은 공간들은 물로 채워져 있다. 여기서 풍선을 누르면 모래층에 압력이 가해진다. 그러면서 모래층들은 서로 긴밀히 맞물려 있던 상태에서 밀려 나오고, 알갱이 사이 사이에 있던 공간들이 더 커지면서 바로 그곳으로 물이 스며들게 된다.

예를 들어 와인병이 눕혀 진열된 선반을 생각해 보면 이해가 빠를 것이다. 2층의 와인병들은 1층의 와인병들 사이사이 오목한 부분에 눕혀져 있다. 제일 바깥쪽에 있는 병을 밀면 위층에 있는 모든 와인병이 동시에 한 칸씩 밀려난다. 병들이 아래의 병을 넘어가기 위해 병 위로 올라가면 그 순간 병들 사이의 공간은 눈에 띌 정도로 확대된다.

모래알 실험에서도 이와 똑같은 일이 일어난다. 우리는 풍선을 손가락 두 개로 납작하게 눌러서 모래의 형태를 변화시킨다. 그러면 모래층들은 서로 어긋난 채 밀리고, 모래알 사이 공간들이 확장된다. 이때 모래알의 크기가 갑자기 바뀔 수는 없으므로 모래알 자체의 부피가 늘어나는 것은 아니다. 그보다는 모래알들의 위치가 바뀌는 것이다. 모래알들은 더 이상 처음처럼 촘촘하게 밀집된 상태가 아니다.

모래가 변형될 때에는 전체로서 팽창되는 것이며, 이때 풍선의 부피는 약간 늘어난다. 바닷가의 모래 역시 조깅하는 사람의 몸무게에 의해 변형된다. 여기서 새로운 공간이 생겨나고, 물론 이 공간은 곧바로 물로 채워진다. 이런 이유로 나머지 모래는 여전히 젖어 있는데도 발자국을 중심으로 마른 부분이 생겨나는 것이다.

돌처럼 딱딱한 커피?

촘촘하게 밀집된 상태의 모래는 (과립 형태의 다른 모든 물질과 마찬가지로) 그 상태가 바뀌려면 부피가 늘어날 수 있어야 한다. 우리는 해변에서 조깅을 마치고 여행지의 숙소로 돌아와 아침을 준비하면서 앞의 실험 결과와 같은 특성을 또다시 경험할 수 있다.

공기를 차단해 벽돌 모양으로 포장한 분쇄 커피는 돌처럼 딱딱하다. 이런 형태의 포장을 일반적으로 '진공포장'이라고 부르는데, 물론 물리학자가 보기에는 말이 안 되는 명칭이다. 포장을 밀봉하기 전에 안에 들어 있는 공기를 빼내기는 하지만 물리적 의미의 진공이라고는 할 수 없다. 진짜 초고진공 ultrahigh vacuum, 게다가 아주 넓은 면적을 대상으로 하는 초고진공 상태는 수년 전 오스트리아에서 정치적으로 추구된 적이 있었다. 말 그대로 '원자(력) 없는 오스트리아atom-free Austria'라는 목표 아래 국민발안이 진행된 것이다.

원자atom가 하나도 없는, 그래서 분자도 물질도 존재하지 않는 나라가 있다면 물리학자에게는 대단한 발견일 것이다. 만약 그렇다면 그것은 진정한 의미의 초고진공이 이루어진

나라일 것이다. 당시 국민발안은 248,787개의 유효 서명을 받았고, 그 결과 '원자(력) 없는 오스트리아'라는 표현은 해당 법이 제정되면서 연방헌법에도 사용되었다.

커피 얘기로 다시 돌아가 보자. 포장된 상태의 분쇄 커피는 일단 돌처럼 딱딱하다. 그런데 커피가 포장된 은박지를 바늘로 찌르면 '피식' 소리와 함께 아주 적은 양의 공기가 들어간다. 이것만으로도 포장재 안의 커피 과립은 약간 팽창하고, 커피 알갱이는 촘촘하게 톱니처럼 서로 맞물려 있던 상태에서 벗어난다. 결국 벽돌 같았던 커피는 갑자기 부드러워지고 변형 가능해진다.

뮤즐리 봉지의 비밀

아침 식탁에서 만날 수 있는 알갱이와 관련된 현상은 또 있는데, 이는 특히 식구가 많은 집에서 항상 논란을 일으키는 것이다. 아침 식사로 [1]뮤즐리를 즐겨 먹는 가정이라면, 일찍 일어나는 사람은 내용이 풍부하고 다양한 뮤즐리를 맛있게 즐길 수 있다. 그러나 늦게 일어나는 사람은 귀리와 여러 가지 작은 씨앗, 그리고 정체를 알 수 없는 부스러기들로 만족할 수밖에 없다.

1) Müsli. 곡식, 견과류, 말린 과일 등을 섞은 것으로 아침 식사로 우유에 타 먹는 것

아직 포장을 뜯지 않은 반투명한 봉지에 든 뮤즐리를 한번 관찰해 보라. 알갱이가 크고 무거운 견과류는 항상 맨 위에 있고, 작은 부스러기는 아래쪽에 있다. 이렇게 뮤즐리처럼 여러 곡물과 견과류의 혼합물에서 서로 다른 크기의 알갱이들이 분리될 때, 중력의 법칙과 달리 가장 무거운 알갱이가 맨 위로 가는 현상에 대해서도 분명한 설명이 가능하다. 뮤즐리 봉지를 식탁으로 운반할 때 봉지는 수직으로 흔들리고, 알갱이들 사이에 공간이 생겨난다. 이때 크기가 작은 입자는 그 공간 속으로 쉽게 들어가고, 시간이 흐르면서 점점 더 아래쪽으로 움직인다. 그러는 동안 크기가 큰 견과류는 표면에서 부유하게 되는 것이다. 학계에서는 이렇게 크기가 다른 알갱이를 용기에 넣고 흔들었을 때, 큰 알갱이가 위로 올라오고 작은 알갱이는 아래로 내려가 분리되는 것을 '[2]브라질 땅콩 효과'라고 부른다.

이런 현상의 원리를 좀 더 자세히 연구하기 위해 물리학자들은 비용과 수고를 아끼지 않는다. 그래서 자기공명 단층촬영MRT: Magnetic Resonance Tomography 장치를 이용해 흔들리는 용기 안에서 일어나는 모래의 움직임을 조사했다. 자기공명 단층촬영 장치란 일반적으로 병원에서 인체 내부를 입체 영상으로 보여 주는 커다란 진단 기계를 말한다.

2) 미국에서 흔히 먹는 뮤즐리 안에 든 견과류 중 가장 큰 것이 브라질 땅콩이기 때문

촬영된 그림을 통해 확인된 메커니즘은 다음과 같다. 용기를 진동시키면 마치 분수처럼 알갱이들이 용기 중앙에서 수직으로 솟아오른다. 용기 벽 주변의 좁은 띠와 같은 영역에서는 알갱이가 다시 아래로 떨어지고 그럼으로써 입자들의 순환이 이루어진다. 이때 큰 견과류는 윗부분으로 이동한다. 왜냐하면 용기 벽면 가까이에 형성되어 아래쪽으로 향하는 좁은 띠에 비해 입자가 너무 크기 때문에 윗부분에 남게 되는 것이다.

우리는 기상학에서도 이러한 움직임을 찾아볼 수 있다. 위로 올라간 따뜻한 공기가 식은 다음에 아래로 내려오는 대류도 이와 유사하다.

산사태에서도 같은 종류의 현상을 관찰할 수 있다. 암석들은 공이 구르는 것처럼 경사면을 따라 굴러 내려오는 것이 아니다. 돌덩이들의 움직임은 오히려 굴착기에 있는 무한궤도의 움직임과 닮았다. 이리 뒹굴 저리 뒹굴 하면서 내려오는 것이다. 그러면서 돌의 크기에 따라 분리된다. 작은 돌들은 산사태가 진행되면서 자꾸 안쪽으로 들어가고 크기가 큰 암석은 경사면 표면으로 올라온다. 결국 가장 큰 돌덩이들이 불행하게도 맨 먼저, 그리고 제일 빠른 속도로 골짜기에 도달하여 종종 막대한 피해를 준다. 이렇듯 산사태의 파괴력이 자연적인 메커니즘으로 상승하는 것을 보호벽을 설계할 때 반드시 감안해야 한다.

너, 견과류가
왜 항상 맨 위에
있는지 알아?
음……
다람쥐들을 위한
고객중심 특별
포장 덕분인가?
짭짭~
Müsli
Maria's Best
MARILLENMARMELADE

앞의 실험을 위해 기왕에 풍선을 구입하는 수고를 했다면, 그 수고가 아깝지 않도록 여기서 풍선을 이용한 간단한 실험 두 가지를 진행해 보자. 첫 번째 실험은 아이들뿐 아니라 어른들도 신기해할 것이고, 두 번째 실험은 물리학자들도 그 원리가 궁금할 것이다.

TIP

풍선 케밥

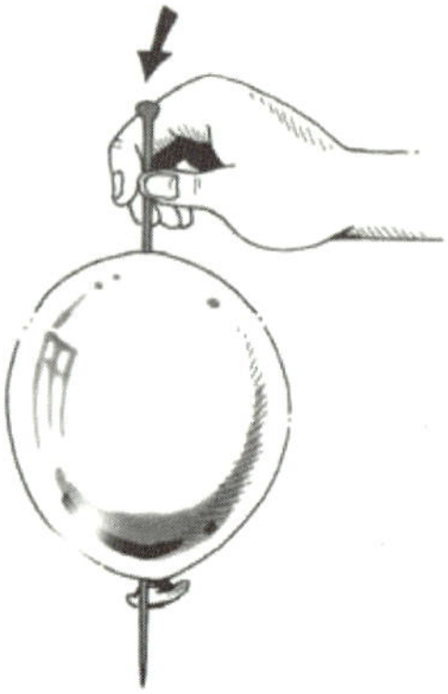

풍선을 불기 전에 속임수를 쓰지 않는다는 것을 분명하게 하고자 옆 사람으로 하여금 풍선을 세심하게 확인하도록 한다. 그런 다음 풍선을 크게 불되 터질 정도까지 되지는 않도록 한다. 대략 핸드볼 크기가 될 만큼, 그리고 서양배 모양으로 길쭉해지기 전까지만 부는 것이 좋다. 풍선을 불었으면 입구를 꼭 묶는다.

이제 나무 꼬챙이(꼬치 요리에 쓰는 가늘고 긴 막대)가 하나 필요하다. 꼬챙이의 뾰족한 끝을 풍선으로 가져가면 주변에 있던 사람들이 반사적으로 귀를 막을 것이다. 하지만, 그럴 필요는 전혀 없다! 꼬챙이를 능숙하게 찌르기만 하면 풍선을 터뜨리지 않고 꿰찌를 수 있다. 풍선이 터지지만 않는 것이 아니라 공기도 빠져나가지 않는다. 이것이다가 아니다. 꼬챙이를 더 깊이 찔러 풍선 반대편으로 뚫고 나오게 한다. 풍선은 역시 터지지 않고, 풍선 양쪽으로 꼬챙이가 나와 있는 것이 보이면 실험은 성공이다. 이것으로 풍선 케밥 완성!

풍선 케밥, 어떻게 만든 것일까? 그 원리는 아주 간단하다. 풍선에는 생산과정상의 이유로 풍선을 크게 분 상태에서도 표면이 팽팽하게 늘어나지 않는 곳이 두 군데가 있다. 한 곳은 공기 주입구 바로 옆이고, 다른 한 곳은 풍선의 공기 주입구와 마주 보는 부분, 즉 주입구의 정확히 반대쪽 지점인 풍선의 꼬리 부분이다. 풍선에 공기가 들어가 팽창한 상태에서도 두 군데의 색이 약간 더 어두운 것을 보면, 그 부분의 고무막이 풍선을 불지 않았을 때보다 많이 늘어나지 않았음을 알 수 있다.

풍선이 터지는 순간을 촬영한 초고속 플래시 사진에서는 기이한 형태를 보이면서 풍선을 터지게 만드는 균열을 관찰할 수 있다. 그러나 앞서 언급한 두 부분에 꼬챙이를 찔러 넣으면 그러한 균열이 생기지 않는다. 오히려 그 반대이다. 약간만 늘어난 상태인 해당 지점의 고무막은 나무 꼬챙이를 적절히 감싸면서 구멍을 완벽하게 메워준다.

TIP

풍선의 결투

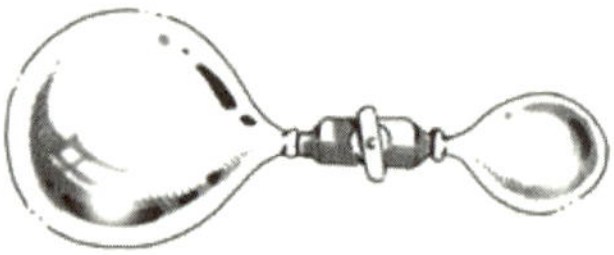

풍선의 공기 주입구를 지름이 약 1.5cm인 짧은 관 끝부분에 덮어 씌운다. 관의 두께는 풍선 주입구에 끼우기가 조금 힘들 정도가 되어야 한다. 그래야 쉽게 빠지지 않고 관을 통해서 풍선을 불 수 있다. 관을 통해 풍선을 분 다음 입구 부분을 돌려 꼬아서 잠시 공기가 빠져나가지 않게 한다. 그리고 똑같은 종류의 다른 풍선에 공기를 약간만 주입한 다음 관의 다른 쪽 끝부분에 끼운다. 이때 먼저 불었던 풍선을 놓아 매듭이 풀리고 관을 통해 양쪽 풍선으로 공기가 통하게 되면 어떤 일이 일어날까? 기술적으로 좀 더 완벽을 기하고 싶다면 정원 호스의 밸브를 사용할 것을 권한다. 고무풍선의 주입구 크기는 일반적으로 규격 밸브 연결부 둘레에 꼭 들어맞으며, 투명한 밸브 덕분에 관찰자는 작동 방식을 더 쉽게 알아볼 수 있다.

이제 옆에 있던 사람들에게 가장 중요한 질문을 던질 차례이다.

밸브를 열면 공기는 어떤 방향으로 흐를까?

(가) 큰 풍선에서 작은 풍선으로 흐른다.

(나) 작은 풍선에서 큰 풍선으로 흐른다.

(다) 아무 일도 일어나지 않는다.

사람들은 분명히 답을 찾기 위해 한참 동안 고민할 것이다. 두 풍선에 든 공기의 양이 똑같이 균형을 이루게 될까? 아니면 잉어 양식장에서처럼 큰 물고기가 작은 물고기를 잡아먹는 약육강식의 법칙이 적용될까? (이 법칙은 일반적으로 경제계에도 적용된다. 물론 경제 위기의 상황에서는 큰 자동차 회사가 거꾸로 하청업체에 인수되는 경우도 있다.) 어쩌면 큰 풍선에 들어 있던 공기가 밸브를 열어도 다른 곳으로 옮겨 가지 않고, 아무런 변화가 일어나지 않는 것이 아닐까?

사실 주의를 기울여 풍선을 불어본 경험이 딱 한 번만 있어도 정답을 찾을 수 있다. 풍선을 불면서 제일 힘든 때는 언제일까? 그렇다. 풍선에 바람을 불어 넣기 시작해 처음 몇 번의 시도를 할 때이다. 풍선이 점점 커질수록 불기는 더욱 쉬워진다. 풍선이 완전히 커진 다음, 터지기 바로 직전에야 부는 것이 다시 힘들어진다. 이건 무슨 의미일까? 풍선 안 공기의 압력은 핸드볼 크기만큼 커진 풍선보다 주먹만 한 크기의 풍선이 훨씬 더 크다. 그러므로 실험에서 밸브를 엶과 동시에 작은 풍선 안에 있던 압력이 더 큰 공기는 큰 풍선 안으로 흘러 들어 간다. 따라서 정답은 (나)이다.

이때, 새 풍선을 제일 처음 불 때가 가장 힘들다는 사실은 결과에 별 영향을 미치지 않는다. 풍선 두 개를 모두 몇 번씩 크게 불었다가 바람을 빼서 고무막이 이미 어느 정도 늘어나 있는 상태라고 해도, 승자는 항상 더 작은 풍선이다. 이것은 일반적인 방식으로 설명되지 않는다. 고무를 많이 늘이면 늘일수록 저항하는 힘은 더욱 커진다. 힘으로 과도하게 늘이지 않는 이상, 고무는 코일스프링과 마찬가지로 선형 탄성을 갖는 물질이다. 그러므로 두 배로 늘인다는 것은 원점으로 돌아가는 힘도 두 배라는 이야기다. 논리적 귀결로 본다면, 공기가 많이 들어간 풍선 안에는 더 큰 힘이 존재해야 한다. 따라서 큰 풍선이 결투에서 이겨야 한다.

지금까지의 이야기는 일부분에 불과하다. 여기서 중요한 것은 풍선 안의 힘이 어느 방향으로 작용하는가이다. 두 풍선의 표면을 동전 크기의 조각들로 나누어 생각해 보자. 주먹 크기만 한 풍선은 표면의 면적이 큰 풍선보다 작고, 따라서 조각 수가 훨씬 적다. 각각의 조각은 휘어진 곡면 형태이다. 조각의 모양은 가톨릭 성직자들이 쓰는 작은 빵모자를 생각나게 한다. 이 모자의 색깔은 착용한 사람의 직책에 따라 다르다(흰색=교황, 빨간색=추기경, 보라색=주교, 검은색=사제와 부제). 유대교 신자들이 쓰는 모자도 비슷한 모양인데 유대교에서는 일반 신자도 이 모자를 착용한다. 그런데 주먹만 한 풍선을 이루는 조각과 달리 공기가 가득 찬 큰 풍선을 이루는 각각의 조각들은 팬케이크처럼 거의 평평하다.

모든 조각의 가장자리에 앞에서 언급했던 탄성력이 작용한다. 추기경 모자의 경우에는 그 힘이 비스듬하게 아래쪽으로 작용하여 모자를 풍선 내부로 잡아당기고, 그럼으로써 상당한 압력을 형성한다. 반면에 공기가 가득 찬 큰 풍선의 납작한 조각들은 훨씬 더 팽팽한 상태이다. 따라서 더 큰 힘이 작용하기는 하지만 이 힘은 거의 완전하게 수평으로, 즉 풍선의 외부를 향해 작용한다. 탄성력의 아주 작은 부분만 풍선 내부로 향해 있는 것이다. 팬케이크 조각들을 풍선의 중심 방향으로 잡아당기는 힘이 더 작기 때문에 큰 풍선의 내부 압력은 더 작다. 결국 큰 풍선에 작용하는 힘은 풍선이 터지기 직전의 한계 영역에서만 골리앗이 다윗에게 저항할 만큼 강해질 수 있다.

이 설명은 물리학에서도 자주 응용되곤 하는 수학적 도구를 기반으로 한 것이다. 먼저 머릿속으로 어떤 입체에서 특정 면적이나 부피를 잘라낸 후 거기에 작용하는 힘을 구한다. 이어서 그 '표본 부피'를 계속 축소한다. 그러다 보면 그 부피는 무한히 작아지다 결국 점이 된다. 이렇게 무한소로 가는 극한 과정limiting process을 구하기 위한 수학적 트릭을 알면 입체에 위치한 모든 임의의 점에 작용하는 힘과 성질을 일목요연하게 구할 수 있다. 이와 똑같은 개념에 기초한 것이 바로 적분이다. 적분은 그 추상성 때문에 예전부터 수많은 학생들이 싫어한다. 사실 따지고 보면 풍선 하나로 이렇게 잘 설명할 수 있는데 말이다.

풍선의 결투를 지켜본 사람들에게 그 원리를 더 간단하게 설명해 주고 싶다면 설득력이 좀 떨어진다 하더라도 다음과 같은 설명은 어떨까? 작은 풍선은 공기를 한 번씩 불어 넣을 때마다 매번 크게 팽창한다. 그러나 이미 커진 풍선은 공기를 불어 넣어도 한꺼번에 많이 부풀어 오르지 않는다. 이것으로 왜 작은 풍선 속 압력이 더 큰지에 대한 설명이 어느 정도 가능하다. 하지만, 이러한 설명에도 누군가가 더 자세히 캐묻는다면 앞에서 이야기했던 길고 정확한 설명을 늘어놓아야 할 것이다.

땅이 흔들리고 모래가 물이 되면……

2000년 1월 말 일본 니가타 현은 또 한 번 세계적으로 화제가 된다. 바로 일본판 '[3]캄푸쉬Kampusch 사건' 때문이었다. 두 유괴 사건에는 놀랄 정도로 많은 유사성이 있다. 두 사건 모두 열 살짜리 소녀가 하굣길에 한 남자에 의해 낚아채듯 자동차로 끌려간 후 몇 년 동안 유괴범의 집에 감금되어 있었다. 일본 유괴 사건의 피해자가 2000년 1월, 9년 만에 유괴범의 손아귀에서 벗어났을 때 나타샤 캄푸쉬는 이미 2년 동안 유괴범의 집에 갇혀 있는 상태였다. 캄푸쉬는 이후 6년이나

3) 오스트리아에서 나타샤 캄푸쉬라는 10세 소녀가 유괴되어 8년 동안 유괴범 집의 지하에서 감금생활하다 탈출한 사건

더 시간이 흘러서야 탈출에 성공할 수 있었다. 그리고 두 사건 모두 유괴 당시 상황을 목격한 시민의 증언이 있었으나, 이와 관련하여 철저한 수사가 이루어지지 못했다.

니가타 현은 그보다 35년 전에도 이미 세계 언론에 등장한 적이 있었다. 바로 1964년 6월 6일 정오경 니가타에서 발생한 지진 때문이다. 그 지진은 40초가량 지속되었다. 그 지역은 이미 지진 위험지대로 알려져 있어서 건물의 대부분이 강화 콘크리트로 지어졌다. 니가타 시는 진앙에서 50km나 떨어져 있었는데도 특히 심각한 피해를 입었다. 수천 개의 건물이 지진으로 무너졌지만, 그에 비해 부상자와 사망자는 놀라우리만큼 적었다.

지진 피해에 대한 체계적인 조사 결과, 흥미로운 사실을 알 수 있었다. 니가타에서는 지진 때문에 많은 건물이 부분적으로 주저앉거나 기울어졌으며 심지어 몇몇 아파트 건물은 완전히 옆으로 쓰러져 버렸다. 그럼에도 특히 내진 설계된 주택들에서 건물 자체의 훼손은 찾아볼 수 없었다. 그래서 이후에 많은 건물은 다시 일으켜 세워 계속 주택으로 이용할 수 있었다. 특히 더 놀라웠던 것은 다리와 고가도로의 피해 상황이었는데, 기둥이 부분적으로 땅속으로 꺼져버린 다리와 고가도로들을 발견할 수 있었던 것이다.

관리사무소죠?
처음엔 천장에서 모래가 떨어지더니
지금은 물이 떨어져요!!!

땅 밑으로 가라앉는 집

이와 같이 일반적이지 않은 지진 피해의 모습 중에서 전 세계 여론뿐 아니라 과학자들의 관심을 끈 현상이 있었다. 바로 모래의 액상화 현상이다. 그런 현상의 전제 조건은 물로 포화된 모래층이다. 즉, 모래 알갱이들 사이의 공간은 마른 모래처럼 공기로 채워져 있는 것이 아니라 물로 채워져 있다. 그렇다고 해서 모래가 불안정한 것은 절대 아니다. 모래는 단단하게 밀집된 상태로, 각각의 모래 알갱이들은 서로 톱니처럼 맞물려 있어서 정적하중을 문제없이 감당할 수 있다. 니가타의 아파트 건물 일부는 이미 수십 년째 같은 자리에서 그런 모래 지반 위에 서 있는 상태였다.

지진, 특히 특정한 진동수를 갖는 지진일 경우 이런 안정적인 모래의 상태가 순간적으로 바뀔 수 있다. 간단히 말하자면 지진은 땅이 크게 흔들리는 것이다. 대부분은 대륙판이 충돌하거나 서로 비껴가면서 발생한다. 혹은 마그마가 올라오면서 지진을 일으킬 수도 있다. 결국 지각에서 충격파나 전단파 또는 표면파가 퍼져 나간다. 그러다가 특수한 모래층에 지진파가 도달하고 특정 진동수로 그 모래층을 흔들면 모래 알갱이 사이 공간 속에 있던 물의 압력(간극수압, pore water pressure)이 갑자기 높아질 수 있다. 이 때문에 모래 알갱이들이 긴밀히 맞물려 있던 상태에서 밀려 나와 자유롭게 움직일 수 있는 것이다.

지진이 일어나는 동안—니가타의 경우 40초—모래는 진한 액체와 같은 상태가 된다. 그런 이유로 콘크리트 기둥과 건물들이 마치 진흙 속으로 빠지는 것처럼 가라앉게 되는 것이다. 니가타 지진 당시 사진을 보면 액상화한 모래가 건물들 아래쪽에서 밖으로 밀려 나와 있는 것을 볼 수 있다. 지진이 끝나면 모든 것이 정상으로 돌아간다. 모래는 다시 단단해지고 이전과 마찬가지로 하중을 견딜 수 있게 된다. 자연은 마치 아무 일도 없었던 것처럼 이전 상태로 되돌아간다.

실험을 통해 관찰하는 액상화

모래의 액상화는 실험실에서도 간단하게 관찰할 수 있다. 먼저 진동판에 용기를 올려놓고 물로 포화된 모래를 채운 후 모래 위에 무거운 벽돌을 하나 올려놓는다. 진동판을 작동시키면 처음에는 아무 일도 일어나지 않는다. 하지만, 진동수를 조심스럽게 높이다 보면 임계값에 도달하게 된다. 그리고 벽돌이 처음에는 약간 기울다가 갑자기 액상화한 모래 속으로 가라앉기 시작한다. 극단적인 경우 거의 완전히 가라앉는다. 사람들은 아직도 비싼 컴퓨터 시뮬레이션을 이용해 이 메커니즘이 세부적으로 어떻게 진행되는지를 알아내기 위해 노력하고 있다.

한편 요즘에는 토양 샘플을 이용해서 어떤 지역에 액상화가 가능한 모래층이 있는지 알아낼 수 있다. 그러면 지진 가능성과 연계하여 위험지역을 찾아낼 수 있다. 일본이나 캘리

포니아와 같이 지진이 자주 발생하는 지역에는 위험지대들을 정확하게 표시해 놓은 지도가 있다.

물론 가장 좋은 것은 그런 위험지대에 건물을 짓지 않는 것이다. 하지만, 택지 공간이 부족하다거나 토지가격 때문에 위험지대에 건축하는 것을 피할 수 없다면 (또는 그러길 원하지 않는다면) 안전대책이 필요하다. 위험지구가 그다지 넓지 않다면 경우에 따라서는 철근콘크리트로 된 기초판을 덮어 주는 것이 좋다. 이 기초판은 지진이 발생하더라도 가장자리에 안전한 접촉면이 충분히 있을 정도의 면적이어야 한다. 그러나 물로 포화된 모래층은 대부분 아주 넓은 크기로 퍼져 있다. 이런 경우에는 안전한 지층(가장 좋은 것은 암석층)에 다다를 정도로 땅속 깊숙이 콘크리트나 강재로 된 말뚝을 박아야 한다. 그러면 말뚝 사이에 있는 모래가 액상화하더라도 건물은 안전하게 서 있을 수 있다.

토양의 액상화는 아주 특정한 상태의 지진파에서 나타나므로 상대적으로 드문 현상이라 할 수 있다. 니가타에서도 1964년 이후 수많은 지진이 있었지만 그때와 같은 피해가 난 지진은 없었다. 하지만, 2004년에 다시 비슷한 일이 일어났다. 그 해 일어난 지진에서 또다시 넓은 면적에서 액화 현상이 나타난 것이다. 그러나 그사이 발전한 안전대책 덕분에 언급할 만한 큰 피해나 부상은 없었다.

이상파랑freak wave – 무(無)에서 생겨나는 '괴물파도'

2004년 12월 26일, 갑자기 전 세계에 알려진 용어가 있었다. 바로 쓰나미tsunami라는 말이다. 쓰나미는 지진해일을 뜻하는 일본어로, 지진 때문에 해저 지각이 수직으로 움직임에 따라 발생하는 해일을 말한다. 해저 지각의 변동으로 생겨난 이 파도는 먼바다에서는 높이가 낮지만, 여객기와 맞먹을 정도의 아주 빠른 속도로 이동한다. 따라서 쓰나미는 먼 거리를 매우 짧은 시간에 이동하며, 발생 장소에서 수천 킬로미터 떨어진 곳에도 심각한 피해를 일으킨다. 수심이 얕은 해안 근처에 접근하면 쓰나미의 이동속도는 점점 느려지고, 결국 자전거가 달리는 정도의 속도로 해변에 도달하게 된다. 그러나 해변에 도달함과 동시에 짧지만 높은 파도로 바뀌고, 에너지는 좁은 영역에 집중되며, 해일은 결국 큰 파괴력을 가지고 해안으로 밀려든다.

이때 주목할 만한 사실은 어선을 타고 먼바다에 나가 있는 어부들의 경우 해일을 알아채지 못한다는 것이다. 그곳에서는 파도의 높이가 몇 데시미터(10분의 1미터)에 불과하고 그때까지는 주기가 아주 길기 때문이다. 하지만, 항구로 돌아오면 해일로 모든 것이 파괴된 모습을 보게 되는 것이다.

쓰나미는 고대에도 이미 알려져 있었다. 그리스의 한 역사학자는 기원전 5세기에 해저지진과 해일의 연관성을 정확하게 기술한 바 있다.

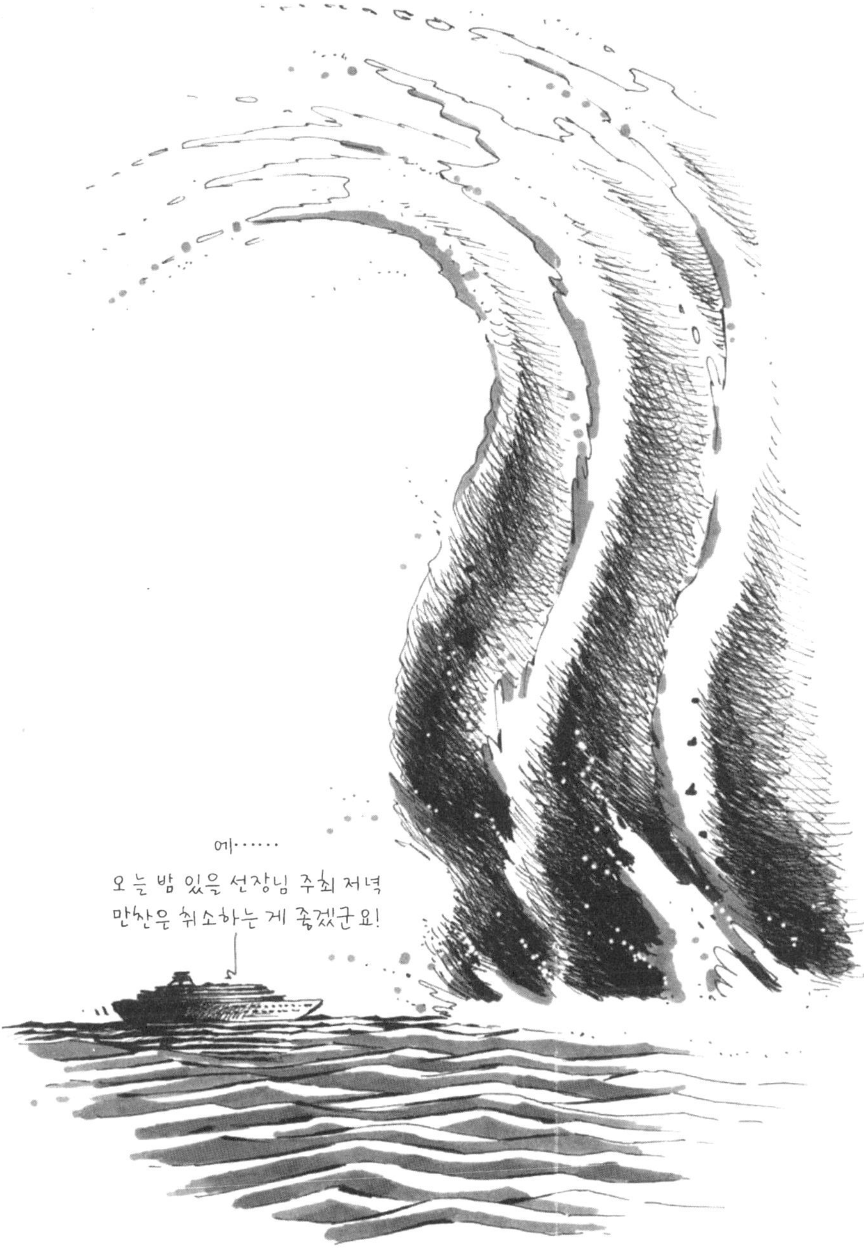
에……
오늘 밤 있을 선장님 주최 저녁
만찬은 취소하는 게 좋겠군요!

오래전부터 선원들은 해일과는 또 다른 형태의 괴물파도monster wave가 존재한다고 보고해왔다. 대양 한가운데에서 몇 층짜리 건물 높이로 거의 수직으로 솟아오르는 물벽이 바로 그것이다. 아무것도 없는 무(無)에서 돌연 나타나는 듯한 이 거대한 이상파랑은 대형 선박에도 심각한 피해를 입히거나 심지어 침몰시킬 수도 있다는 것이다. 학자들에게는 몇 년 전까지만 해도 선원들의 이러한 보고가 거인 문어나 그 밖의 바다 괴물만큼이나 믿지 못할 이야기였다. 적어도 1995년 1월 1일, 이후 '뉴 이어 웨이브New Year wave'라는 이름으로 학술 문헌에 기록된 '괴물'이 북해에 위치한 석유 시추 플랫폼을 덮치기 전까지는 그랬다.

파도의 움직임을 빈틈없이 기록하는 센서들이 갖추어져 있던 플랫폼은 8층 건물 높이의 괴물파도를 이겨냈다. 그로써 처음으로 불가사의한 괴물파도의 과학적 데이터를 얻었다. 그리고 그에 대한 물리적 설명과 수학적 모델을 찾는 작업을 시작할 수 있었다. 당시 측정데이터를 보면 별로 위험해 보이지 않는 5미터짜리 파도들로부터 전면이 아주 가파른 단 하나의 거대한 파도가 솟아오른 것을 알 수 있다.

기존 분석모델이 잘못된 예측의 원인?

지금까지 사용된 선형 수학적 모델들에 따르면 하나의 파도는 높이 솟아오르기 전에 몇 개의 작은 파도로 분해된다. 이 이론의 틀 안에서 보면 거인파도는 '통계학적 이상값 outlier'으로 원칙적으로는 가능하나 일어날 가능성이 극도로 적다. 이 모델에 따르면 괴물파도가 나타날 확률은 한 학급의 학생 모두가 졸업한 지 십 년 후 우연히 같은 시간에 같은 식당에서 만나는 것과 비교될 수 있다. 따라서 괴물파도의 출현은 세기의 사건이 되는 것이다.

사실상 전 세계의 바다에서는 매년 선박 수십 척이 흔적도 없이 사라지고 있다. 매번 초대형 유조선과 컨테이너선(축구장 두 개를 합친 면적보다 더 큰 크기)이 이유 없이 침몰하기도 한다. 그중 일부는 어쩌면 괴물파도가 원인이었을 수도 있다. 그래서 최근에는 괴물파도의 출현과 관련된 선원들의 이야기를 과거보다는 더 진지하게 받아들이고 있다.

2001년 2월, 다시 이상파랑에 의한 것으로 보이는 사건이 일어났다. 호화 유람선 브레멘Bremen호가 큰 파도를 만났고, 이 때문에 유람선의 모든 전자기기가 마비되었다. 조종이 불가능했던 유람선은 바다를 표류하였다. 수면에서 30미터나 높이 있었던 함교의 유리창까지 부서진 것을 보면 파도의 크기를 대충 짐작할 수 있다. 몇 달 후 또 다른 선박이 먼바다에서 비슷한 크기의 파도를 만나 침몰의 위험에서 겨우 구조된 사건이 있었다. 그러고 보면 괴물파도의 출현은 한 세기에 한 번 있을까 말까 한 사건은 아니란 이야기다. 그렇다면 지금까지 사용되어 온 선형 모델은 완전히 틀린 위험수치를 제공하고 있는 것은 아닐까?

지난 몇 년 동안 사람들은 쓰나미와 달리 먼바다에서 피해를 일으키는 괴물파도(freak wave 또는 rough wave라고도 불림)를 설명할 수 있는 학문적 모델들을 놓고 집중적인 연구를 진행했다. 그 과정에서 효과적인 수학적 도구로 밝혀진 것이 흥미롭게도 오스트리아 출신 노벨상 수상자인 에르빈 슈뢰딩거 Erwin Schrödinger가 1926년 발전시킨 슈뢰딩거 방정식이다. 이 방정식은 양자물리학의 기본 방정식이다.

양자역학은 소립자에서 원자, 분자에 이르기까지 자연을 구성하는 모든 기본요소를 파속(波速, wave packet)으로 설명한다. 모든 복합적인 분자구조(인간도 마찬가지로)는 수많은 파동이 중첩된 것에 불과하다는 것이다. 그런 파속들의 행동과 움직임을 기술하는 것이 바로 슈뢰딩거 방정식이다.

이론물리학에서 전자(電子)의 행동을 조사하고자 할 때는 원칙적으로 보통 다음과 같은 과정을 거친다:

먼저 (슈뢰딩거) 방정식을 정확하게 적는다. 그런 다음 방정식을 푼다.

좀 더 쉬운 설명을 위해 간단한 예를 들어 보자(비록 스티븐 호킹이 책에 수학 공식을 하나 넣을 때마다 판매 부수가 절반으로 줄어들 것이라고 경고했지만):

$$3 \cdot x = 6$$

답은 쉽게 구할 수 있다: 미지수 x에 2를 대입하면 방정식이 성립된다. 2 이외의 모든 숫자는 등호를 만족하지 않는다.

하지만, 슈뢰딩거 방정식에는 숫자가 아니라 파동함수를 대입한다. 그리고는 등호를 만족하는 모든 파동함수를 찾아내야 한다. 그런데 이런 방정식에는 대부분 아주 많은 (수학적으로 가능한) 해가 존재한다. 따라서 구체적인 상황에서 존재하는 조건들에 대해서는 그중에서 물리학적으로 현실적인 파동 형태를 걸러내야 한다.

양자물리학으로 설명하자면……

양자역학에서 이렇게 성공적으로 쓰이는 슈뢰딩거 방정식이 바다의 파도를 기술하는 데에도 이용할 수 있는 것으로 나타났다. 비선형 방정식으로 나타내지는 슈뢰딩거 방정식은 쾌청한 날씨에 유유히 흘러가는 '착한 파도'만 답으로 내놓는 것이 아니라, 아주 특정한 조건에서는 석유 시추 플랫폼의 측정데이터처럼 거대한 괴물파도로 귀결되는 답도 내놓는다. 하지만, 이것만으로는 별로 특별할 게 없다. 방정식이 복잡할수록, 능숙한 수학적 조작을 통해 임의적인 파형들도 해답으로 형상화할 가능성이 더 커진다. 이는 선거 여론조사 결과에서 특정한 질문과 응답자를 선택하여 특정 방향으로 형상화하는 것과 마찬가지다.

중요한 것은 괴물파도의 빈도만 어림잡는 것이 아니라 괴물파도의 메커니즘에 대한 암시를 제공하는 수학적 도구를 찾는 것이다. 슈뢰딩거 방정식을 기초로 하는 모델은 균일한 하나의 파도가 우연적으로 발생하는 작은 방해요소들에 의해 일단 각각의 파군(波群, wave groups)으로 나뉘는 것을 보여 준다. 이어서 각 파군 안의 파도는 서로 뒤엉킬 수 있고, 에너지는 하나로 모아진다. 그리하여 선원들이 묘사한 것과 같이 아주 가파른 전면을 가진 하나의 거대한 파도를 형성한다. 이 이론은 아직 충분히 무르익지 못했으나, 어쩌면 괴물파도의 생성을 설명하는 데 중요한 밑거름이 될 수 있다.

이제는 괴물파도와 관련한 광범위한 데이터가 존재한다. 이 주제를 집중적으로 다루는 유럽우주기구ESA는 관련 연구 프로젝트에서 위성을 이용해 대양의 파도 움직임을 정밀하게 측정하였다. 그 결과 단 3주 동안 괴물파도가 열 번이나 기록되었다. 이로써 지금까지 원인이 밝혀지지 않은 해난 사고의 대다수가—예를 들어 악명 높은 버뮤다 삼각지대에서 발생한 사고들—괴물파도에 의해 일어났을 가능성에 대해 생각해 볼 수 있다. 한편 해운업계는 이러한 인식에 여전히 조심스러운 입장이다. 원양선박이 파도를 견디는 선체 내구력이 파도 최대 높이 15미터로 되어 있는 규정은 아직까지 바뀌지 않고 있다. 따라서 (지난 몇 년 사이 현실화된 쓰나미 경보 시스템과 같이) 괴물파도에 대한 국제적인 경보 시스템을 구축하겠다는 유럽우주기구의 목표는 추가 피해를 막기 위해서라도 반드시 필요한 것으로 보인다.

그런 시스템이 갖추어지면 거기서 제공되는 정보를 유용하게 사용할 사람들이 또 있다. 바로 파도타기를 즐기는 사람들이다. 그들은 위성으로부터 자동 문자서비스를 통해 '완벽한 파도'가 다가오고 있다는 정보를 받는 날을 꿈꾸고 있다.

제2장

사막 탐험에서 배우는 과학 원리

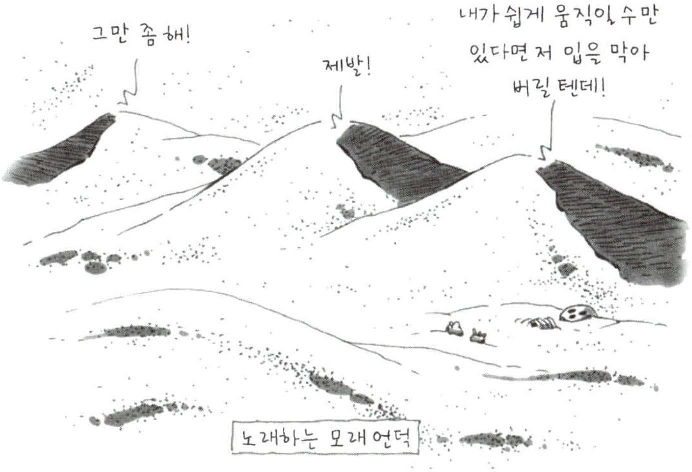

노래하는 모래언덕

마르코 폴로는 이미 13세기에 아주 인상적이면서도 극히 드문, 그리고 과학적으로 여전히 불가사의한 현상인 노래하는 모래언덕에 대해 기술한 바 있다. 물론 일반적으로 사용하는 '노래하는singing'이란 표현이 사실 정확한 것은 아니다. 영어권에서 사용하는 'booming(우르릉거리며 울리는)'이 그 소리에 대한 더 정확한 묘사이다. 마르코 폴로는 중국의 로프노르 사막에서 들었던 그 소리를 기병대의 말발굽 소리라고 생각했다. 하지만, 사방을 아무리 둘러봐도 기병대라고는 그림자도 보이지 않았다. 그래서 마르코 폴로는 그 위협적인 소리를 사막의 괴물이 내는 소리라고 생각했다. 그 현상에 대한 좀 더 현대적인 기술은 찰스 다윈에 의해 이루어졌다. 다윈은 낮게 웡웡거리는 그 소리를 칠레 여행 중에 들었다.

최근에 나는 모래언덕의 노랫소리를 직접 듣는 경험을 한 사람을 만났다. 그녀는 단체 여행객과 리비아 여행에서 막 돌아온 오스트리아의 한 여행사 직원이다. 그 단체는 시리아 남부 에르그 무르주크Erg Murzuq라는, 숨이 막힐 정도로 아름다운 사구 지역에 텐트를 치고 야영을 했다. 한밤중이 되자 여행객들은 귀를 울리는 큰 소리에 잠에서 깼다. 마치 비행기가 머리 바로 위로 착륙하는 것 같은 소리였다. 사람들은 놀라서 텐트에서 뛰쳐나왔지만 별이 총총한 사막의 하늘 어디에도 비행기 불빛은 보이지 않았다. 그저 그다지 강하지 않은 바람

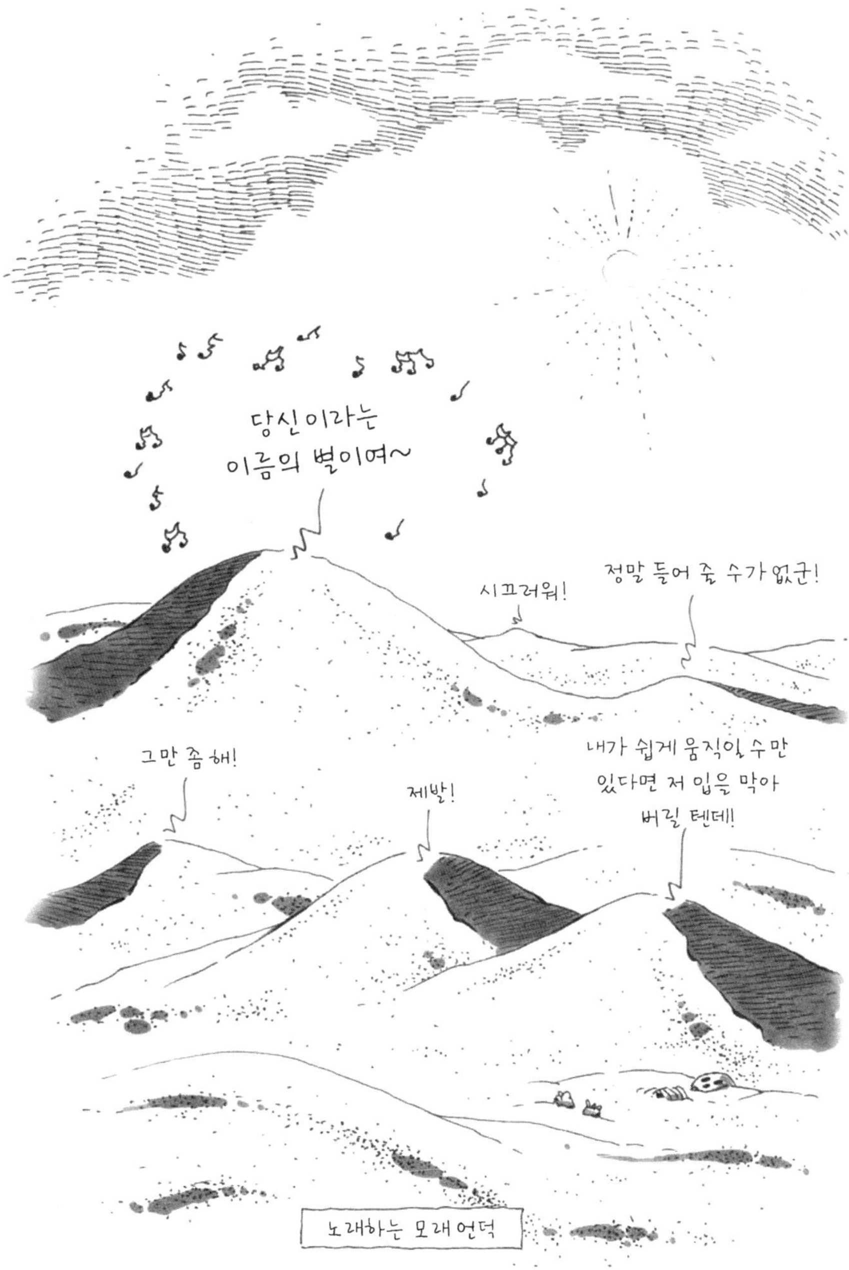
당신이라는
이름의 별이여~
시끄러워!
정말 들어 줄 수가 없군!
그만 좀 해!
제발!
내가 쉽게 움직일 수만
있다면 저 입을 막아
버릴 텐데!
노래하는 모래언덕

만 지속적으로 불고 있을 뿐이었다.

노래하는 모래언덕을 그렇게 가까이에서 경험한다는 것은 그 단체에게 정말 커다란 행운이었다. 왜냐하면 이 현상은 지금까지 전 세계에서 불과 수십 곳에서만 관찰되었기 때문이다. 몇 년 전부터 사람들은 과학적 방법을 이용해 노래하는 모래언덕을 연구하고 있다. 모래언덕은 바람에 의해 운반되던 모래가 쌓여 형성된다. 그리고 대부분 바위 조각이나 울퉁불퉁한 바닥과 같은 장애물이 있는 곳에서 시작된다. 모래언덕에서 바람을 등지고 있는 쪽인 뒷면에는 상대적으로 균일한 경사면이 생겨난다. 이 면은 모래가 미끄러져 내리지 않을 만큼만 가파르다. 바람이 새롭게 불면 모래알이 추가로 언덕 등성이 위로 날려 사구의 뒷면에 떨어져서 모래사태를 유발한다.

이때 보통의 경우 큰 혼란이 일어난다. 모래알은 날리면서 부분적으로 서로 부딪히기도 하지만 그보다는 주로 사구 표면에 있던 모래를 날려 올린다. 그럼으로써 수백만 개의 모래알이 무질서하게 비탈을 미끄러져 내려온다. 이런 경우에 혹시나 소리가 난다면, 기껏해야 작게 바스락거리는 정도일 것이다.

이와 달리 노래하는 모래언덕의 경우에는 뚜렷하게 분간할 수 있는 높이의 크고 낮은 소리를 낸다. 이 소리의 높이는 일반적으로 60~100Hz(헤르츠)로, 콘트라베이스의 낮은 현들이 내는 소리 영역에 해당한다. 모래언덕에서 이런 소리가 나는 것은 모래알들이 보여 주는 놀라운 형태의 자기조직화 때문이다. 즉 모래알의 움직임이 동기화synchronize되는 것이다. 수백만 개 모래알은 완벽하게 발맞추어 같은 리듬으로 언덕을 흘러내린다. 그리고 정확히 그 주파수로 사구 뒷면의 전체 표면이 진동하게 된다. 마치 거대한 스피커 진동판처럼 (또는 팀파니의 가죽 헤드처럼) 사구 표면은 초당 60~100번 올라갔다 내려갔다 하면서 강력하고 낮은 소리를 내는 것이다.

놀라운 자기조직화

모래 알갱이들의 움직임이 과연 어떻게 동기화하는지에 대한 의문은 아직 남아 있다. 마른 모래가 진동하며 흐르는 것을 우리는 종종 봐왔다. 하나의 모래층이 잠자고 있는 다른 모래층 위로 흘러내릴 때에는 모래알들이 자기 위치에서 한 칸씩 옆으로 움직이기 위해 곁에 있는 '산 위로 밀어 올려져야' 한다. 이는 앞 장에서 언급한 와인 선반에 놓인 와인병의 경우와 마찬가지이다.

보통 모래사태가 일어나면 진동하는 움직임이 아주 다양한 진동수로 나타난다. 그리고 그런 경우 별다른 소리가 들리지 않는다. 그런데 노래하는 모래언덕의 경우에는 각각의 모래알이 미끄러져 내릴 때 형성되는 충격이 매번 아주 약한 충격파를 발산한다. 이 충격파는 사구에 의해 반사되고, 반사된 충격파는 모래층을 더 강하게 밀어 줄 바로 그 순간에 그 움직이는 모래층에 도달한다. 이것은 그네를 타고 있는 아이가 앞으로 갔다가 다시 뒤로 왔을 때, 정확한 순간에 뒤에서 미는 힘을 받는 것에 비교할 수 있다. 이렇게 단 하나의 진동주파수가 증폭되고, 이 주파수가 점점 더 모래의 움직임을 지배하여, 결국 수백만 개 모래알이 동시에 모래언덕을 굴러 내려오면서 지속적인 음향을 만들어내는 것이다.

학자들의 격렬한 다툼

노래하는 모래언덕이라는 이국적인 현상을 설명하기 위해 애쓰는 세계의 몇 안 되는 과학자들은 방금 설명한 부분까지는 의견의 일치를 보인다. 하지만, 그 공진(共振)이 세부적으로 어떻게 발생하느냐의 문제는 지난 몇 년 사이에 소위 과학전쟁으로 발전하였다. 프랑스 파리의 한 연구팀은 충격파가 잠자고 있는 사구 표면에 직접 반사되는지 아니면 조금 더 표면 아래로 침투하는지에 대한 문제를 고민하였다. 그러는 동안 파리에 소재한 두 대학에 서로 다른 의견을 가지고 경쟁하는 두 집단이 생겨났다. 그들은 전문학술지를 통해 상대방의 이론에 대한 비판을 쏟아내고 있다. 그러나 모래언덕이 노래하는 데 있어 모래 알갱이의 형태와 크기, 사구의 지층 구조와 모래의 습도가 서로 어떤 상호작용을 하는지도 여전히 밝혀지지 않았다. 모래언덕이 소리를 내게 하기 위해서는 아마도 전 세계적으로 아주 드물게 나타나는 특정한 배치 형태가 필요한 것 같다.

한편 프랑스의 어떤 연구팀은 모로코에 위치한 한 사구에서 확보한 모래를 가지고 실험실에서 진동을 통해 노래하는 모래언덕의 특징적인 음향을 만들어내는 데 성공하기도 했다. 하지만, 그 모래의 음악성은 몇 주 후 사라지고 말았다. 이를 보건대, 모래알 표면을 덮고 있는 실리카겔도 소리를 나게 하는 데 영향을 미치는 것 같다. 실험에 사용된 모래는 시간이 지나면서 겉에 있던 실리카겔이 마찰에 의해 제거된 상태였기 때문이다. 아니면 혹시 마르코 폴로가 말한 악마가 정말 관여했던 것일까?

모래언덕의 노래를 듣는 사람은 그 소리에 매료되고 마는가 보다. 오스트리아 작가 라울 슈로트Raoul Schrott의 단편소설 《로프노르 사막Die Wüste Lop Nor》의 주인공도 그랬다. 그 남자의 관심은 무엇보다도 여러 대륙에 존재하는 노래하는 모래언덕들에, 그리고 그곳으로 가는 길에 동행하는 여성들에게만 쏠려 있었다.

모래 늪에 빠지면 정말 죽는 걸까?

유사(流砂, Quicksand)라고도 불리는 모래 늪만큼 책이나 영화에서 잘못 그려지고 있는 과학적 현상도 없다. 영화감독 데이비드 린David Lean은 1962년에 발표한 고전 영화 〈아라비

살았다!
발밑에 딱딱한 땅이 느껴져!

아의 로렌스〉에서 스펙터클한 장면을 보여 주었다. 그것은 바로 하인이 모래 늪에 빠지고, 주인공의 극적인 구조 노력이 물거품이 되는 장면이다. 서부영화에서는 말이 그 말을 타고 있던 주인과 함께, 그리고 마차까지도 영원히 모래 속으로 사라지는 장면이 종종 등장한다. 또한 B급 영화의 삼류 시나리오작가들은 아예 유사를 살아 움직이는 공포의 대상으로 만든다. 저항할 수 없는 희생자들을 빨아들이고 삼켜 버리는 지옥의 구멍으로 묘사하는 것이다.

영화나 책에서는 그렇다 치고, 사실은 어떨까? 흐르는 모래라는 뜻의 유사 현상이 정말 있을까? 그리고 어떻게 그런 현상이 일어날까?

물로 포화된 유사

유사가 생성되기 위한 하나의 전제 조건은 이른바 모래가 물로 포화되는 것이다. 조밀하게 압축된 상태의 모래라도 그 부피가 완전히 채워질 수는 없다. 모래 부피의 최소 4분의 1은 각 알갱이들 사이의 공간으로 이루어져 있다. 이 공간들이 공기가 아니라 물로 채워져 있을 때 우리는 그 모래가 물로 포화되어 있다고 말한다. 앞서 등장한 모래사장에서 하는 조깅에 대한 이야기에서 알 수 있듯이 촘촘하게 밀집된 상태의 모래는 안정적이고 하중을 잘 견딜 수 있다.

그런데 모래층 밑에 예를 들어 지하수가 흐르고 있다면, 그 물이 위로 올라오면서 모래알 사이사이의 공간이 훨씬 더 커져 모래를 느슨한 상태로 만들게 된다. 이것이 바로 그 음험한 유사이다. 유사의 모래 배열 상태는 카드로 만든 집과 비교할 수 있는데, 이 집의 전체 부피에서 카드 자체가 차지하는 부분은 아주 미미한 것과 마찬가지이다. 뿐만 아니라 모래알이 공처럼 둥글지 않고 납작할 때 더 쉽게 그런 배열 상태가 만들어진다.

느슨한 층을 이루는 유사의 경우 모래알 사이 공간이 차지하는 부피가 전체 부피의 3분의 2에 이를 수도 있다. 그러면 하중을 견디는 능력이 현저히 떨어지고, 모래는 기껏해야 자기 자신의 무게만 감당할 수 있다. 이런 상태의 모래를 밟으면 실제로 밟는 즉시 발이 빠진다.

이런 현상이 항상 나타나는 곳이 북해 연안의 갯벌이다. 밀물의 흐름이 모래를 느슨한 상태로 만들고, 썰물 때 물이 멀리 빠지면 그곳에 수많은 모래 늪의 함정들이 남는다.

그렇다면 모래 늪이 나오는 스펙터클한 영화 장면들은 어떻게 된 걸까? 그렇게 모래알 배열이 느슨해진 상태의 모래 늪 속으로 완전히 가라앉는 것이 가능할까?

아니다! 일단 유사의 모래층은 대부분 그 깊이가 1미터를 넘지 않는다. 또한 부력이 존재한다. 우리 몸은 대부분 물로 이루어져 있지만, 유사는 3분의 2의 물과 3분의 1의 모래 알갱이들로 이루어져 있어 인체보다 밀도가 높다. 따라서 물로 포화된 유사에서 사람은 물 위에 떠 있는 너도밤나무 조각과 같은 정도의 부력을 갖는다. 그렇기 때문에 모래 늪에 빠져 완전히 가라앉는다는 것은 불가능하다. 그럼에도 위험은 있기 마련이다. 만약 갯벌을 산책하다가 유사를 밟았는데, 허벅지까지 빠져서 두려운 마음에 버둥거리기 시작한다면 위험한 상황이 벌어질 수 있다. 빠져나오려고 허우적거리면 그 움직임 때문에 발이 더 깊이 빠지고 동시에 모래는 콘크리트처럼 압축된다. 그러는 중에 밀물이 다가오면 진땀을 흘릴 수밖에 없다. 여기서 살아남는 방법은 한 가지다. 침착할 것! 버둥거리지 말고 한 발씩 차례대로 꺼낼 것!

실험을 통해 관찰하는 유사

지금까지 갯벌에서처럼 물로 포화된 유사에 관한 이야기를 했다. 그렇다면 〈아라비아의 로렌스〉에 나오는 하인과 관련한 질문으로 돌아가자. 사막의 유사는 어떨까? 물이 없는 유사도 있을까? (사막에도 지표면까지 올라오지 못해 눈에 보이지는 않지만 지하수가 있다는 사실은 제외하자.)

이 문제를 과학적으로 설명하기 위한 흥미로운 실험이 최근에 네덜란드의 한 실험실에서 이루어졌다. 우선 마른 모래를 채운 용기에 바닥에 있는 작은 구멍들을 통해 압축공기를 불어 넣었다. 그러면 모래층으로 파고드는 공기가 모래를 느슨한 결합을 보이는 전형적인 유사 상태로 만든다. 이제 납구슬을 채운 테니스공을 모래에 떨어뜨리면서 고속도촬영을 하면 인상적인 장면이 펼쳐진다. 무거운 공은 떨어지면서 모래에 커다란 분화구를 만들고 곧바로 모래 속으로 가라앉는다. 잠시 후 분화구 중앙에서 바늘 모양의 모래 줄기가 힘차게 수직으로 솟아오른다. 거의 20cm 높이까지 솟아오른 모래 줄기는 다시 떨어지면서 분화구 모양으로 파인 구멍을 다시 메운다. 테니스공은 놀랄 정도로 깊이 가라앉는데, 그 깊이는 지름의 다섯 배 이상이다.

이 실험은 마른 모래에서도 유사가 나타날 수 있음을 보여주는 인상적인 증거이다. 물론 인위적인 실험실 상황에서만 관찰 가능하다. 그게 아니라면 어느 사막에서 지하 압축공기 시설을 찾아볼 수 있겠는가?

전 세계 모래 연구자들은 앞으로도 연구거리가 없어지는 일은 없을 것이다. 이제 자연에서도 실험과 같은 마른 모래의 유사 상태가 형성되기 위해 어떤 파라미터가 필요한지를 밝히는 것이 다음 과제이다. 현재는 특수한 형태의 모래알과 그 모래알이 바람에 의해 운반되는 것의 조합이 드물게 유사 현상을 일으킬 수도 있다는 가능성이 제기되고 있다.

자연에서 정말 유사가 형성되는 상황이 있다면 사람이 그 안에 빠져 완전히 가라앉을 수 있을까? 처음에 언급했던, 할리우드 영화의 상투적인 허구 세계에서 나오는 장면이 현실에서도 일어날 수 있을까?

인체가 납 구슬로 채워져 있지는 않지만, 아주 느슨한 층을 이루는 마른 모래 늪의 밀도는 우리 몸의 밀도보다 작을 수 있다. 따라서 충분히 깊고, 느슨하게 배열된 모래층이라면 사람이 완전히 가라앉는 것이 이론적으로는 가능하다. 하지만, 마른 유사는 하중이 있을 때 물로 포화된 유사보다 훨씬 더 빨리 압축된다. 그러므로 지금까지 유사에 대해 알게 된 모든 사실에 따르면, 우리가 설사 유사를 밟더라도 모래가 공중누각처럼 무너지거나 압축되기 이전에 무릎보다 더 깊이 빠지는 일은 극히 불가능하다. 〈아라비아의 로렌스〉에서 모래 늪에 빠져 죽은 하인 이야기는 결국 전설 속에나 나올 법한 것이다.

사막에서 시원한 맥주를?

뜨거운 사막의 하루가 환상적인 석양과 함께 저물어갈 때쯤이면 사막의 모래와 먼지 때문에 잔뜩 메마른 목구멍이 시원한 음료를 갈구하고 있음을 느낀다. 그런데 아무리 둘러봐도 모래언덕밖에 보이지 않는 외로운 사막에서 시원한 맥주를 마실 방법이 있을까? 있다! 필요한 건 모두 갖춰진 탐험용 캠핑 트럭이 아니라, 캠핑 장비라고는 가스버너와 물통 몇 개밖에 안 실려 있는 소박한 미니버스로 사막 여행을 하더라도 시원한 맥주를 마실 수 있는 아주 간단하지만 놀라울 정도로 효과적인 냉각법이 있다.

TIP

양말을 이용한 냉각법

필요한 물건:

물을 담은 플라스틱 병

헌 테니스 양말(가능한 한 냄새나지 않는 양말로 준비할 것!)

빨래집게

끈

냉각해야 할 식품은 양말에 집어넣는다. 테니스 양말이 잘 늘어나기 때문에 가장 좋은데, 0.5리터짜리 맥주 캔이라면 두 개 정도는 문제없이 들어간다(저자처럼 신발 크기가 315mm인 사람이 이럴 땐 더 유리하다). 맥주뿐만 아니라 우유, 떠먹는 요구르트, 버터, 치즈 같은 것도 충분히 양말에 들어갈 수 있다. 이제 양말이 계속 젖어 있게 만들어서 응달에 걸어 놓고 바람이 스치도록 하면 된다. 가장 좋은 방법은 양말 위에다 물이 든 플라스틱 병을 거꾸로 연결해서 응달이 있는 나무에 걸어 주는 것이다. 병목에다 끈을 묶어서 음식물이 든 양말을 빨래집게로 매단다. 그런 다음 병뚜껑이나 병목에 아주 작은 구멍을 뚫어서 물이 천천히 그리고 직접 양말에 똑똑 떨어지게 한다.

이때 잊지 말아야 할 사실 하나! 병에 공기가 들어가게 해 주어야 한다. 그렇지 않으면 얼마 안 있어 물이 나오지 않게 되고 결국 양말 속에 있는 버터는 녹아 버리고 말 것이다. 가

얼음처럼 찬 맥주도 괜찮겠어요?
물, 물……

장 간단한 해결 방법은 매달아 놓은 병의 가장 높은 지점에 조그만 구멍을 하나 더 뚫는 것이다. 그런데 이 방법은 여행 중에 이용하기에는 조금 불편한 점이 있다. 플라스틱 병 아래위 양쪽에 구멍이 뚫린 관계로, 냉각제로 사용하는 물이 아직 병에 남아 있는 상태라면 이동할 때 물이 샐 수 있다는 점을 감안해야 한다.

양말을 이용한 냉각법은 지난 몇 번의 여행을 거치는 동안 발전에 발전을 거듭했다. 그 발전 단계들 중 하나로 다 쓴 만년필 잉크 카트리지를 이용하였다. 플라스틱 병의 뚜껑에 잉크 카트리지 굵기와 딱 맞는 구멍을 뚫어 끼우는 것이다. 잉크 카트리지의 뒷부분을 자르고, 볼을 빼낸 다음 그 자리에 성냥개비를 하나 끼운다. 그러면 성냥개비가 물방울이 떨어지는 빈도를 어느 정도 조절하며, 성냥개비를 타고 공기방울이 올라와 공기의 순환도 가능하게 한다.

잉크 카트리지와 성냥개비를 사용하는 방법은 상당히 혁신적이었다. 또 그 뒤에 숨어 있던 계획, 즉 유용한 실험들을 위해 일상용품을 색다른 용도로 재활용하겠다는 계획에도 딱 들어맞는 방법이었다. 하지만, 유감스럽게도 아주 믿을 만한 방법은 아니었나 보다. 물방울들이 자꾸 떨어지다 말기를 반복했고, 결국 양말에 들어 있던 우유는 상하고 말았다.

냉각 양말의 진화

여러 가지 물건들을 재활용하며 냉각 양말을 발전시키다

보니 결국 최고의 방법을 찾을 수 있었다. 핵심은 바로 병원에서 흔히 볼 수 있는 수액주사 용품을 사용하는 것이다. 약을 복용할 때와 마찬가지로 수액을 맞을 때에도 정확한 양을 지키는 것이 중요하다. 그렇기 때문에 수액세트의 주요 기능은 조절 기능이다. 바로 이것을 이용하는 것이다.

주사액은 대부분 고무마개가 있는 유리병에 담겨 있고, 수액을 주사할 땐 병을 거꾸로 매달아둔다. 이제 중요한 것이 수액세트이다. 일단, 고무마개에 끼워 넣는 뾰족한 삽입침이 달린, 엄지손가락 크기 정도의 플라스틱으로 된 챔버라고 불리는 점적통이 있다. 점적통의 아래쪽에는 고무튜브가 달려 있고, 바로 이 튜브의 반대쪽이 주삿바늘에 연결된다. 수액병의 고무마개에 끼워 넣는 삽입침을 자세히 보면 얇은 관이 두 개 있다. 그중 하나는 수액병에 있는 액체를 챔버로 내보내는 역할을 하는데, 챔버 안으로 주사액이 떨어지는 걸 눈으로 볼 수 있다. 그리고 고무튜브에 달려 있는 조절기로 주사액이 떨어지는 빈도를 정확하게 조절할 수 있다. 삽입침에 있는 두 번째 관은 튜브 옆쪽에 달려 있고 대부분 유색으로 된 공기 조절기에 연결되어 있는데, 이 공기 조절기를 통해 점차 양이 줄어드는 수액병으로 공기가 들어간다.

수액세트는 냉각 양말에 사용할 수 있는 이상적인 도구이다. 잉크 카트리지 대신 수액세트의 삽입침을 물병 입구에 끼워 넣고, 고무튜브 조각을 이용해 물이 새지 않도록 주변을 꼭 막는다. 수액세트를 사용하면 더 이상 병 바닥에 구멍을 뚫을 필요도 없고, 물병을 옮길 때에는 본래 물병 뚜껑을 다시 닫으면 된다. 무엇보다도 이제는 물방울이 떨어지는 빈도를 정확하게 조절할 수 있다.

튀니지의 사하라 사막과 그리스의 섬을 여행하면서 수차례에 걸쳐 실험한 결과, 물을 1.5초당 한 방울씩 떨어뜨리는 것이 가장 이상적이라는 사실을 알아냈다. 물론 바람의 세기와 양말의 수에 따라 약간씩 변화가 필요하다. 1.5리터들이 물병에 든 물의 양은 대략 삼만 방울 정도 된다. 방금 언급한 기준에 따라 이 정도 물이면 열두 시간 정도 사용할 수 있고, 그러면 아침과 밤에 한 번씩만 물을 다시 채우면 충분하다. 최적의 경우 양말은 항상 촉촉한 상태로 유지되면서 쓸데없이 바닥으로 떨어지는 물은 한 방울도 없게 되는 것이다. 특히 사막에서는 아깝게 흘려 버리는 물이 있어서는 절대 안 되지 않겠는가!

바람만 충분하면 냉각 양말의 효과는 정말 뛰어나다. 낮에 아무리 더웠어도 밤에 냉각 양말에서 맥주를 꺼내면 캔 표면에 곧장 물방울이 맺힐 정도이다. 버터도 녹지 않고 딱딱한 상태로 유지되고, 우유도 신선한 상태로 며칠 동안 유지할 수 있다. 수액세트를 사용할 때의 또 한 가지 큰 장점은, 수액세트가 수천, 수만 번 그 효능이 입증된 대량생산품이라는 사실이다. 혹시나 개인적으로 아는 사람 중에 병원에서 일하는 사람이 없다고 해도 걱정할 것 없다. 수액세트는 껌 한 통 값이면 약국에서 쉽게 살 수 있다.

증발냉각의 과학적 원리

H_2O라는 화학기호는 누구나 알고 있다. 이 화학기호는 물 분자의 화학구조를 나타낸다. 이 분자들을 활발하게 움직이는 작은 공이라고 생각해 보자. 공들은 불안에 떠는 듯이 계속 움직인다. 그리고 온도가 높을수록 떨림은 더 빨라진다. 물 분자들은 절대영도인 영하 273.15℃에 가까워질 때에만 움직임이 느려진다. 하지만, 움직임을 완전히 멈추는 일은 없다. 우선 절대영도에 완전히 도달할 수가 없다. 둘째로, 설사 절대영도에 도달한다고 해도 양자역학적 관점에서 보면 잔여 움직임이 남는다.

0℃ 이하에서 물은 언다. 물이 얼면 분자들이 규칙적인 격자 모양의 구조를 가지며 그 위치를 더 이상 이탈할 수 없다. 즉 빙정(氷晶, 얼음의 결정)을 이루는 것이다. 그러나 정지 상태에서의 떨림은 허용된다. 얼음이 녹으면 분자들은 서로를 지나치며 움직일 수 있다. 그래서 액체 상태의 물은 임의로 형태를 변화시킬 수 있다. 그럼에도 물 분자 사이에는 강한 인력이 작용한다. 그 때문에 이웃한 분자와의 거리는 항상 일정하게 유지된다. 이것이 액체 상태인 물의 부피가 강한 압력이 가해져도 거의 변하지 않는 이유이다.

대기압이 1.013bar(해수면의 평균 대기압)일 때 뚜껑 열린 냄비 안의 물은 온도가 100℃가 되면 끓기 시작한다는 것을 우리는 알고 있다. 그 온도에 가장 먼저 도달하는 물은 가열된 냄비 바닥 바로 위에 있는 것이다. 그곳에 생긴 수증기 기포가 상승하고, 차츰차츰 물 전체(액체)가 눈에 보이지 않는 증기(기체)로 변화한다. 우리가 일반적으로 사용하는 '증기'라는 용어에는 증기와 함께 냄비에서 올라오는, '증발'하기 전에 잠시 김으로 눈에 보이는 작은 물방울도 포함된다.

분자의 관점에서 보면, 끓는점에서는 분자들이 이웃한 분자로부터 떨어져 나가 완전히 자유롭게 공간을 떠다닐 만큼 분자의 떨림이 강하다. 이렇게 발생한 눈에 보이지 않는 수증기는 주변 공기에 흡수된다.

끓는점보다 낮은 온도에서도 물 분자가 액체의 결합 상태에서 벗어나 기체로 바뀔 수 있다. 물컵에 든 물 분자의 속도는 모두 같지 않다. 그 속도는 통계적으로 분포되어 있다. 분자의 대다수가 물의 온도가 예를 들어 25℃일 때 비교적 편안하게 움직이고, 그 순간에는 액체 상태를 벗어날 가능성이 없다. 이렇게 여유 있는 상태의 분자들을 '안톤Anton'이라 부르자. 그러나 이런 안톤과 달리 현저히 빠른 속도로 움직이며 특별히 더 활동적인 분자도 있다. 그런 분자들을 '안토니아Antonia'라고 명명하자.

안토니아가 수면 가까이에 접근하면 이웃한 분자들의 인력을 이겨내고 기체로 전환될 현실적인 가능성을 갖게 된다. 하지만, 그동안 안톤 분자들은 편안하게 수영장 안에서 물장구를 즐긴다.

이제 바람이 작용할 때다. 바람은 수증기로 포화된 공기를 불어 쫓아 버리고, 새로운 안토니아를 탐내는 건조하고 따뜻한 공기를 데려온다. 시간이 흐르면서 물 전체가 증발한다. 공기가 건조할수록, 온도가 높을수록 그리고 물의 표면이 넓을수록 증발은 훨씬 빨리 이루어진다. 따라서 얕은 물웅덩이의 물이 컵에 든 물보다 더 빨리 마른다.

우리가 만든 냉각 양말은 위에서 계속 물이 떨어지기 때문에 마르지 않는다. 건조한 바람이 증발하려는 활동적인 안토니아를 모두 잡아내기 때문에 느긋하게 움직이는 안톤들만 남아 있다. 이렇게 해서 양말의 분자 분포가 달라진다. '양말의 물'에 있는 분자들의 평균속도는 떨어지는데, 이는 결국 양말 속 온도가 낮아진다는 얘기다. 양말 속에 있는 맥주 캔은 처음에는 미지근한 상태였지만 자기가 가지고 있던 열에너지를 '양말의 물'에 넘겨준다. 그러면 안톤이 자극을 받아 활동적인 안토니아로 변하고 결국 바람에 의해 증발함으로써 영원히 사라진다. 이렇게 해서 사막의 열기 속에서도 맥주 캔이 점차 냉각된다. 물론 냉각 양말이 햇빛에 직접 노출되지 않을 때의 이야기다.

여기서 또한 필요한 것이 양말에 떨어지는 물방울을 신중하게 조절하는 것이다. 플라스틱 병에 든 물은 낮에 40℃ 혹은 그 이상의 기온만큼 뜨거워진다. 물방울이 떨어지는 빈도를 너무 높게 하면 소중한 냉각제를 낭비하는 것일 뿐만 아니라, 동시에 따뜻하게 데워진 상태의 물이 양말에 떨어지면서 냉각 효과를 감소시킨다. 이상적인 빈도수를 설정할 경우 양말은 항상 젖은 상태로 유지되면서, 양말을 적신 물은 오로지 증발에 의해서만 사라질 뿐, 쓸데없이 바닥으로 떨어지는 물은 한 방울도 생기지 않는다.

고대 사람들도 이런 냉각 원리를 이용하였다. 그들은 음료를 통기성이 좋은 옹기에 저장하였다. 옹기 속 액체는 흙으로 된 옹기를 투과하여 바깥면에서 증발하고 그렇게 용기와 그 내용물을 냉각한다. 미적인 측면에서는 옹기를 사용한 이 시스템이 양말을 이용한 냉각법보다 더 우월하겠으나, 냉각 효과와 조절 가능성의 측면에서는 냉각 양말이 확실한 승자이다. 증발냉각의 강한 효과는 누구나 직접 경험할 수 있다. 예를 들어 젖은 티셔츠를 입고 바람을 맞으면, 따뜻한 바람이라 해도 체온이 급격히 떨어질 위험이 크다. 이뿐만 아니다. 우리 피부에 있는 땀샘은 증발냉각을 이용하여 체온이 37℃보다 너무 많이 올라가지 않도록 해 준다.

실내 냉난방을 위한 간단한 기술

지금까지 설명한 증발냉각은 실내 온도조절에도 훌륭히 이용될 수 있다. 특히 저에너지 주택과 [4]패시브 하우스 같은 건

4) Passive House. 태양열을 이용한 에너지 절약형 주택

물에 사용되는 열교환기를 포함한 환기조절 시스템이 이미 갖추어져 있다면 더욱 간단하게 설치할 수 있다. 위와 같은 경우 실내 환기는 창문을 열어서 하는 것이 아니라, 사용된 실내공기는 빨아들이고 신선한 공기를 적당량 조절하여 실내에 넣는 방식으로 이루어진다. 특히 겨울철에 쓸데없는 에너지 낭비를 막기 위해 해당 시스템에서는 실내에서 발생하는 약 20℃ 정도의 따뜻한 오염된 공기를 열교환기를 거치게 한다. 열교환기란 얇은 금속관이나 금속판들로 이루어진 시스템으로 금속관이나 판을 통해 액체가 흐른다. 이 액체가 실내에서 사용된 오염된 공기가 가지고 있는 열을 빼앗아서 신선한 공기가 흐르는 관으로 운반한다. 이렇게 해서 외부로부터 들어온 영하 10℃의 신선한 공기가 먼저 예열된 후 실내로 들어간다.

여름에는 같은 설비를 냉방용으로 사용할 수 있다. 예를 들어 실내에서 빨아들인 오염된 공기의 온도를 26℃라고 하자. 이 실내공기는 열교환기를 거치기 전에 간단한 증발식 가습기(계속해서 떨어지는 물방울에 의해 젖은 상태가 유지되는 냉각 양말과 유사한 구조를 갖는다)를 통해 20℃ 정도로 냉각된다. 이렇게 식은 공기는 열교환기 안의 액체 온도를 낮출 수 있다. 이로써 32℃ 정도의 외부로부터 빨아들인 신선한 공기는 실내로 들어가기 전에 22℃의 쾌적한 상태로 냉각될 수 있다.

중요한 것은 이런 과정이 (환기에 필요한 송풍기와 액체 순환을 위해 간단한 펌프를 작동하는 데 필요한 에너지 말고는) 거의 에너지 소비 없이 이루어진다는 점이다. 양말을 이용한 냉각에서와 마찬가지로 소비되는 것은 단지 물뿐이다. 면적 1,000제곱미터인 사무실용 건물의 냉방을 위해서는 하루 약 1세제곱미터의 물이 필요하고, 그 비용은 3 내지 5유로 정도이다. 이는 재래식 에어컨을 사용하는 데 드는 에너지 비용을 생각하면 아주 미미한 수준이다. 유일한 단점은 물이 소비된다는 것인데, 같은 건물의 화장실에서 매일 그보다 몇 배 넘는 양의 물을 아무 생각 없이 흘려보낸다는 것을 생각하면 충분히 감당할 만하다.

해당 냉난방기술을 적용하는 초기 시도에서는 신선한 공기를 증발냉각을 통해 직접 실내로 들여보냈다. 첫눈에 보기에는 자명한 이치이고 물론 작동하는 데 문제가 없다. 하지만, 얼마 안 있어 실내 습도가 너무 높아지고, 이에 따라 환기 시스템에 곰팡이가 생겨서 건강을 해치는 결과가 나타난다.

그렇다면 재래식 에어컨은 어떻게 작동할까?

재래식 에어컨은 가정에서 사용하는 냉장고와 똑같은 방식으로 작동한다. 보통 열은 항상 균형을 이루고자 한다. 그래서 따뜻한 물체와 차가운 물체가 있을 때 결국 둘이 같은 온도를 갖게 될 때까지 따뜻한 물체의 열이 차가운 물체로 전달된다. 냉장고는 바로 그러한 성질에 맞서야 한다. 따뜻한 방 안에서 비자연적으로 고립된 '냉기의 섬'을 유지해야 하는 것이다. 그러기 위해 냉장고는 몇 분마다 작동하여 냉장고의 열을 바깥, 즉 방의 실내공기 쪽으로 퍼낸다. 이때 냉장고 벽에 들어 있는 단열재가 열이 냉장실로 자연스럽게 다시 되돌아 흐르는 환류를 막는다.

근본적으로 냉장고는 냉각 양말처럼 작동한다. 단지 냉각제를 건조한 바람에 내어 주지 않고 폐쇄된 순환체계에 붙들어 놓을 뿐이다. 몇 년 전까지 냉장고의 냉매로 염화불화탄소CFC를 함유한 액체를 사용했다. 당시만 해도 폐냉장고는 아무런 통제 없이 고철로 폐기되었다. 시간이 흐르면서 냉각관이 녹슬고 결국 환경오염 물질이 대기로 방출되었다. 이제 사람들은 위험하지 않은 대체물질을 찾아냈고 추가로 폐냉장고 회수 의무를 도입하였다.

냉장고의 냉각파이프 안에 들어 있는 냉매의 끓는점은 정상 압력(1기압)에서 영하 30℃ 정도이다. 이 냉매는 액체 상태로 냉장고 내부 공간을 따라 흐른다. 냉장고 내부 온도가 영하 30℃보다 높기 때문에 냉매는 이른바 증발기에서 증발한다. 이때 필요한 증발에너지는 냉장고 안에 있는 식품으로부터 얻는다. 이제 기체 상태로 변한 냉매는 냉장고 뒷면으로 보내지고 그곳에 설치된 압축기 펌프에 의해 약 8기압으로 압축된다. 펌프는 전기모터로 작동되며, 그때 냉장고는 전형적으로 윙윙거리는 소리가 난다.

압력이 커지면 냉매의 끓는점도 높아진다. 그러면 냉매는 상온에서도 액화할 수 있다. 이때 냉매는 냉장고 내부에서 회수해 가지고 있던 열을 뒷면의 파이프로 보내 냉장고 밖으로 발산한다. 파이프가 다시 냉장고 내부로 들어가는 곳에서 파이프는 굉장히 좁아진다. 액체가 된 냉매는 이 흐름제한 부위에서 정체한다. 이 부위를 지난 곳에서 압력은 다시 1기압으로 낮아지며, 냉매는 다시 기체가 되고 냉장고 속 식품으로부터 열을 흡수한다. 이것으로 순환과정이 완성된다.

자동차 에어컨도 똑같은 방식으로 작동한다. 하지만, 자동차 에어컨의 압축기는 전기모터가 아니라, 실용성을 위해 별도의 에어컨 구동벨트로 엔진에 연결되어 직접 구동된다.

TIP

자가냉각 맥주통

독일 바이에른 주의 한 양조업체는 아주 특별한 맥주통을 판매하고 있다. 냉장고에 넣을 필요도 없고 전기를 사용하지도 않는 맥주통이다. 뚜껑에 작은 레버가 달려 있어서, 술통을 개봉하기 30분쯤 전에 이 레버를 돌리면 통에서 잠깐 '치~' 하는 소리가 들린다. 그리고 30분 후 완벽하게 냉각된 맥주를 즐길 수 있다.

이 맥주통의 냉각 방식은 원칙적으로 우리가 만든 양말 냉장고와 같다. 맥주통은 세 겹의 벽으로 이루어져 있다. 맥주가 채워지는 맨 안쪽 공간은 물을 적신 솜으로 감싸져 있다(젖은 양말). 통 벽의 맨 바깥쪽엔 제올라이트(Zeolite, 비석(沸石))가

들어 있다. 제올라이트는 물을 흡수하고 저장할 수 있는 다공질의 광물질이다. 먼저 제올라이트가 들어 있는 영역에 진공 펌프를 이용해 강한 저압을 형성한다. 맥주통은 이제 '충전'된 상태이지만 아직 활성화되지는 않았다. 이제 레버를 이용해 레버에 연결된 줄을 잡아당김으로써 통 벽의 중간 영역과 통 내부 맨 바깥 영역을 연결하는 밸브를 열어 준다. 이렇게 되면 물에 젖은 솜은 갑자기 저압 상태에 도달하고, 솜을 적시고 있는 물은 곧바로 기화하면서 맥주를 냉각하기 시작한다. 보통의 경우라면 수증기가 그 작은 공간의 압력을 빠르게 높이고 얼마 안 있어 기화가 끝날 것이다. 하지만, 제올라이트는 수증기를 흡수하여 다공질인 자기 내부에 가둔다. 이렇게 해서 모든 습기가 기화하고 맥주가 냉각될 때까지 저압이 유지된다.

다 마신 빈 맥주통은 양조업체에 반환한다. 거기서 제올라이트를 가열하면 재생할 수 있다. 솜을 다시 물에 적시고, 밸브를 잠그고, 제올라이트가 들어가는 영역의 공기를 펌프로 빼내면 통은 다시 투입 준비 완료 상태가 된다. 잘만 취급하면 친환경적인데다가 장소에 전혀 구애받지 않는 이 냉각장치는 여러 번 재사용이 가능하다.

만약 지금까지의 이야기가 마음에 들어서 한 번쯤은 아주 간소한 장비만 갖추고 세계의 오지를 여행하고 싶다면 꼭 알려주고 싶은 유용한 팁이 하나 더 있다. 여행을 다니다 보면 더 이상 갈아입을 옷이 없을 때가 있다. 함께 여행하는 사람들의 후각이 얼마나 견디는지를 시험하고자 하는 것이 아니라면 방법은 하나밖에 없다. 빨래를 하는 것! 그러나 주변 어디에도 세탁기가 있을 만한 곳은 없고 손빨래를 하자니 힘과 시간이 너무 많이 들 것 같다면 현실에서 효과가 입증된 간단한 방법이 여기 있다.

TIP

사막 세탁기 – 전기 없이, 힘도 들이지 않고 눈부시게 흰 빨래하기

작은 플라스틱 통에 물을 반쯤 채우고 더러운 빨래와 가루 세제를 넣는다. 그리고 뚜껑을 닫고 통을 똑바로 세워 지프차의 지붕에 고정한다. 이를 위한 가장 좋은 시점은 좀 먼 거리 이동을 위해 떠나기 한 시간 내지 두 시간 전이다. 그렇게 빨래통을 차 지붕에 매달고 달리다 보면 사막의 뜨거운 해가 물의 온도를 충분히 높여 주고, 끊임없는 가속과 제동으로 인한 움직임 때문에 깨끗하게 빨래가 된다. 달리기 시작해서 시간이 반 정도 지났을 때 물을 갈아주면 헹굼이 시작된다.

결과는 상당히 볼만하다. 더러웠던 빨래는 눈부시게 하얘지고 집에서 세탁한 것처럼 향기가 난다.

빨래하면서 달리기에 가장 좋은 곳은 역시 말 그대로 빨래판 같은 비포장도로이다. 사막에서 자동차가 많이 지나다녀 딱딱해진 비포장도로의 바닥은 빨래판 무늬같이 울퉁불퉁하다. 이러한 요철은 평평하지 않은 딱 한 군데에서 시작된다. 자동차가 달리던 중 바닥이 고르지 않게 튀어나온 곳을 만나면 타이어는 위로 떠올랐다가 곧바로 다시 바닥으로 떨어진다. 시간이 지나면서 타이어가 떨어져 부딪혔던 지점이 아래로 파이게 되고, 이 과정이 반복되면서 빨래판과 같은 구조가 생긴다.

이러한 사실을 알면 요철이 있는 도로에 적용되는 최적의 운전 기술도 찾아낼 수 있다. 처음에는 그런 도로를 달리는 것이 상당히 힘들다. 시속 20km나 30km만 돼도 벌써 자동차는 심하게 흔들리고 차에 타고 있는 승객은 몇 시간 동안 그 괴로움을 감당해야 한다. 하지만, 그 괴로움을 줄일 수 있는 아주 간단한 요령이 있다. 잠깐 이를 악물고 가속페달을 끝까지 밟는 것이다! 대략 시속 70km부터 차가 흔들리는 야단법석이 갑자기 끝나고, 소음이 거의 없이 차는 비교적 부드럽게 비포장도로를 미끄러져 나간다. 이 정도 속도에서는 타이어가 요철의 정상에서 정상으로 건너뛰면서, 자동차가 거의 같은 높이로 유지되기 때문에 더 이상 요란하게 아래위로 흔들리지 않는 것이다. 타이어는 아주 짧은 순간에만 바닥에 접촉하고 나머지 시간에는 말하자면 공중을 날고 있는 것과 마찬가지이다. 마치 새로 내린 푹신푹신한 눈 위를 달리는 것과 같은 느낌이다. 다만 핸들 조종에 대한 자동차의 반응은 아주 느리고, 미끄러질 위험도 비교적 크다.

울퉁불퉁한 요철이 끝나는 지점에서는 속도를 줄이지 않을 수 없다는 사실도 잊지 말 것! 그러면 다시 엄청난 흔들림과 함께 자동차와 승객은 그 충격으로 거의 몸체가 분해될 지경에 이를 것이다. 하지만, 사막 세탁기의 성능을 위해서는 그런 흔들림 코스가 제격이다.

제3장

도시 여행에서 배우는 과학 원리

여행하면서 물리학적 현상들을 경험하고 싶다고 해서 굳이 힘든 사막 탐험에 나설 필요는 없다. 단지 주말을 이용한 짧은 도시 여행이면 충분하다. 여행길에 나서면서부터 우리는 많은 과학 현상을 만나게 된다. 만약 자동차로 길을 나선다면, 수년 전부터 전문가들이 물리학적 방법들을 이용해 연구하고 있는 소위 '유령 교통체증phantom traffic jam' 현상의 피해자가 될 확률이 아주 높다. 물론 이를 피하고 싶다면 기차와 같은 다른 교통수단을 이용하면 된다. 아, 그런데 기차가 더 이상 예전처럼 덜컹거리는 소리를 내지 않는다는 걸 알고 있는가? 혹시 자연과학의 기본법칙들이 폐기되기라도 한 것일까?

자동차 운전자가 개미처럼만 똑똑했다면!

휴가철에 자동차로 여행을 떠나는 사람들이 피할 수 없는 것이 있다. 바로 교통체증이다. 물론 출퇴근 시간의 교통체증은 도시에서는 일상이 된 지 오래다. 보통 금요일에, 특히 여행을 떠나는 사람들이 가장 적고, 자전거로 출퇴근하는 사람도 거의 없는 11월 금요일에 교통체증이 가장 심하다고 한다. 통계에 따르면 우리는 1년 중 60시간을 차로 꽉 막힌 도로 위에서 보낸다. 물론 우리가 화장실에서 보내는 시간(연간 약 100시간)보다는 적긴 하지만, 그래도 그 시간을 줄일 방법이 있다. 바로 원인 불명의 '유령 교통체증'을 피하는 것이다.

겉으로 보이는 뚜렷한 이유가 없는데도—예를 들어 교통사고가 일어났다거나 도로가 좁아진다거나 하는—갑자기 차가 막히다가 또 어느 순간 체증이 풀렸던 경험은 누구에게나 한 번쯤 있을 것이다. '유령 교통체증'이라고 불리는 이런 현상은 마른 모래의 흐름을 설명하고자 개발된 컴퓨터 모델을 이용해 예측할 수 있다.

모든 운전자가 운전을 하면서 각자 개별적인, 따라서 남이 예측할 수 없는 자기만의 결정을 내리지만, 전체 집단을 보면 자동차 행렬이 어떤 태도를 취할지 놀라우리만큼 잘 예측할 수 있다. 차선 하나에 킬로미터당 20~25대 이상의 차량이 운행할 경우, 차량 수가 도로의 최대 용량에는 아직 미치지 못하는데도 교통체증이 일어날 가능성은 아주 높아진다. 하늘에서 내려다보면 이렇게 차가 많은 도로에서는 전형적인 물결 모양 움직임을 볼 수 있다. 그것은 모래가 움직이는 모양과 유사하다. 운전자들은 반짝반짝 윤이 나는 자기 자동차가 혹시 상하지나 않을까 두려워 앞차와 최소 간격을 유지하지만, 그런 걱정이 없는 모래 알갱이들은 서로 부딪쳐가며 그 간격을 조정한다. 하지만, 결과적으로 나타나는 움직임은 매우 비슷하다.

그런데 한 가지 중요한 차이점이 있다. 바로 모래 알갱이들 중에는 인간 사회에서와 같은 이기주의자가 없다는 사실이다! '유령 교통체증'은 차량 흐름을 방해하는 아주 사소한 것들에 의해 일어난다. 대부분은 다른 차들을 제치고 자기만 빨리 앞서 가려는 딱 한 사람이 원인을 제공하곤 한다.

고속도로에서 보통 속도로 달리는 긴 차량 행렬을 한번 상상해 보자. 그런데 맨 앞에 있는 운전자가 잠깐 브레이크를 밟는다. 다른 차량이 갑자기 차선을 바꿔 들어오는 바람에 그랬거나 아니면 자기가 차선을 바꾸기 위해 속도를 줄이려고 그랬을 수도 있다. 그 뒤에 따라오던 차는 앞차의 브레이크등이 들어오는 것을 보고 반응하기까지 1~2초 정도의 시간이 걸린다. 이때 뒤차의 운전자는 앞차와 충돌하는 것을 막기 위해 브레이크를 좀 더 강하게 밟아야 한다. 그러면 도미노 효과처럼 뒤에 따르던 차들은 더 강하게 제동해야 하고, 그 차량 행렬에 들어 있는 운전자들의 반응시간은 점차 늘어날 것이다. 만약 교통밀도가 높은 상태라면, 그 행렬에 속해 있던 차들은 결국 완전히 정체 상태에 이르게 된다.

물론 맨 앞쪽에서는 곧바로 정체가 풀리겠지만, 속도를 줄이고 정지했던 차를 다시 출발시키고 가속을 하기까지는 어느 정도의 반응시간이 필요하다. 또, 앞차가 다시 출발하는 것을 보지 못한 운전자들 몇 명은 전체 과정을 몇 초간 지연시킬 것이다. 그러다 보면 앞쪽의 정체가 풀리는 것보다 더 빠른 속도로 뒤쪽 정체가 늘어나게 된다.

바로 여기에 추돌 사고의 위험이 도사리고 있다. 고속도로 위의 정체 행렬은 뒤로 갈수록 대략 시속 15~20km의 속도로 늘어난다. 뒤에 오던 차량이 시속 130km로 달리고 있었다면 결국 그 차량은 시속 150km의 속도로 정체 행렬의 꼬리 부분에 접근하게 되는 것이다. 따라서 앞쪽 시야가 확보되지 않은 구간에서는 아주 위험한 상황이 벌어질 수 있다.

정체를 유발했던 맨 앞 차량은 이미 몇 킬로미터 앞서 간 상태이다. 따라서 뒤에서 무슨 일이 일어났는지 전혀 알지 못한다. '유령 교통체증'의 심리적 문제점은 바로 여기에 있다. 원인 제공자는 자신의 행동이 불러온 부정적인 결과를 전혀 알아채지 못한다. 그래서 다음에 차선을 변경할 때에도 더 조심하면서 뒷거울을 본다거나 할 필요를 느끼지 못할 것이다. 자기 자신은 오히려 주행시간을 몇 초 줄이는 이득을 보겠지만, 뒤에 있던 차량들의 대기시간은 다 합치면 몇백 시간까지 늘어나 버린다.

이런 정체는 원칙적으로 다양한 속도제한을 통해서 피할 수 있다. 현재의 교통 상황을 분석해서 컴퓨터로 적절한 최대 속도를 계산하는 것이다. 하지만, 이것도 도로 진입로에서 들어오는 차량들이나 개별 운전자의 비이성적인 운전 태도 같은 예측 불가능한 요소들 때문에 그렇게 간단하지만은 않다.

교통체증과 관련한 흥미로운 현상이 하나 있다. 그것은 바로 고속도로에서 반대 방향에 사고가 났을 경우 형성되는 정체이다. 반대편에 일어난 사고가 자신과 전혀 상관이 없는데도 대부분의 운전자는 호기심 때문에 가속페달에서 잠깐 발을 떼게 된다. 그럼으로써 자기가 달리고 있던 도로에서도 정체 연쇄반응을 일으키는 것이다. 그러므로 제한속도를 설정하는 것은 아주 어려운 과제이다. 제한속도를 너무 낮게 설정하면 그것을 지키지 않는 운전자가 생기기 마련이다. 그러한 운전자가 한 명만 있어도 균형은 깨어지고 또다시 정체가 일어난다.

도로 정체를 피하는 방법은 따지고 보면 아주 간단하다. 몇몇 사람들이 남들보다 몇 초 먼저 가려는 욕심만 버린다면 모든 차량이 정체 없이 더 빨리 목적지에 도착할 수 있다. 개미들이 보여 주는 것처럼 말이다. 교통량이 엄청나게 많은데도 개미 행렬에는 교통체증이란 것이 없다. 물론 그건 설사 개미들끼리 충돌이 있다 해도 그리 심각한 결과를 초래하는 건 아니기 때문이기도 하다. 또 경찰이 출동해서 사고경위서를 작성하고, 견인차가 사고로 막힌 도로를 뚫고 도착할 때까지 차선 하나를 완전히 차단할 필요도 없다.

이런 점을 제외하더라도, 개미들은 우리 인간보다 훨씬 똑똑하게 자신들의 교통 상황을 조정한다. 개미들은 서로 추월하지 않는다. 앞에 자기보다 느리게 가는 개미가 있으면 뒤에 가던 개미는 속도를 조절해서 앞의 개미와 최소 간격을 유지한다. 그래서 개미들의 도로에서는 항상 동시에 줄지어 이동하는 행렬들을 볼 수 있다. 교통체증을 연구하는 과학자들의 비디오 분석은 개미들이 수학적으로 가능한 최대 흐름에 아주 가깝게 이동한다는 결과를 보여 준다. 그러나 아쉽게도 차를 운전하는 사람들은 그런 흐름과 아주 동떨어진 모습을 보인다.

기차가 덜컹거리는 이유는?

서에서 동으로 유럽을 가로지르는
덜커덩덜커덩 기차의 멜로디.
더 빨리 달려야 할까?
하늘 여관에 늦게 닿지 않으려면?
기차 바퀴는 돌고, 돌고, 돌고, 돌고
혈관 같은 선로 위를 달리고, 달리고,
야수 같은 연기 뒤로 사라지는 꼬리,
차장의 호각 소리, 기관차의 피리 소리.

[5]데틀레프 폰 릴리엔크론의 담시(譚詩)인 〈번개 열차Der Blitzzug〉는 이렇게 '덜커덩덜커덩'이란 의성어와 함께 시작된다. 1903년에 지어진 이 시는 유감스럽게도 비극적인 최후를 맞는 긴 기차 여행을 그리고 있다. 이 담시의 운율은 당시 기차를 타고 달릴 때면 언제나 들을 수 있었던 단조로운 소리를

5) Detlev von Liliencron(1844~1909). 독일의 시인, 산문가이자 극작가

표현하고 있다. 기차가 내는 전형적인 덜커덩 소리의 원인은 간단하다. 바로 레일의 이음부마다 있는 틈새 때문이다. 기차 바퀴가 그 틈새 위를 지날 때 작은 불규칙성 때문에 차량이 잠깐 흔들리게 되고, 이 흔들림이 덜컹거리는 소리로 나타나는 것이다.

레일 이음부를 지날 때의 규칙적인 덜컹거림 때문에 승객들은 짧은 시간 안에 반수면 상태로 접어든다. 그래서 달리는 시간을 상대적으로 덜 지루하게 느낀다. 이러한 사실을 제외하고도, 이음부의 틈새에는 특별한 의미가 있는 걸까?

철도에 사용되는 레일은 예전부터 커다란 나무 침목에 고정되었다. 모든 고체가 그러하듯이 쇠로 만들어진 레일은 더운 날씨에는 늘어나고 추운 날씨에는 줄어든다. 그러므로 이음부의 틈새가 없었다면 나무 침목은 쇠의 팽창력을 견디지 못했을 것이며, 결국 레일은 체결부에서 이탈해 위험할 정도로 강하게 휘어 버렸을 것이다. 즉 레일과 레일 사이에 벌어진 간격이 여름철에 쇠가 팽창할 수 있는 공간이 된다. 또한 겨울이면 레일의 수축 때문에 이음부의 간격은 좀 더 넓어지고, 기차 소리도 그만큼 더 커지고는 했다. 이런 원리를 알았다면 문학평론가들은 릴리엔크론이 〈번개 열차〉라는 시를 겨울에 지었다고 추측하지 않았을까?

덜커덩거리는 기차의 멜로디는 이제 과거가 되었다. 요즘 열차 선로는 거의 이음새 없이 부설되고, 서유럽 철도망에는 이제 레일 간 간격이 있는 선로가 별로 없다. 이음부의 틈새가 있는 옛날 선로에서는 요즘 같은 고속철도는 생각도 못했을 것이다.

그렇다면 틈새가 없는 선로는 기술적으로 어떻게 가능한 것일까? 고도로 기술이 발달한 현대에는 열의 팽창과 수축이라는 오래된 물리학의 기본법칙이 더 이상 유효하지 않은 걸까? 아니면 혹시 이런 법칙을 무효로 만드는 기적의 철강재가 발견된 것일까?

이도 저도 아니다. 해당 물리법칙은 여전히 유효하다. 그렇지 않다면 물리학의 기본법칙이라는 이름이 무색할 것이다. 지금은 다만 강철의 팽창을 가차 없이 억압한다. 오늘날 선로 부설에 사용되는 침목은 더 이상 목재가 아니라 철근콘크리트로 이루어져 있다. 철근콘크리트 침목은 목재와 비교할 때 열전도율이 더 높다는 장점이 있다. 과거 목재 침목 위에 부설된 레일은 목재에 의해 바닥으로부터 단열이 되어 햇볕을 받으면 심하게 가열되었다. 그러나 철근콘크리트 침목을 사용하면 온도가 낮은 땅바닥으로 열이 쉽게 전도된다. 따라서 레일의 온도 변화가 현저히 줄어든다.

과거에는 레일의 길이가 18미터나 36미터였다. 반면 오늘날에는 길이 300미터의 레일을 특수화차를 이용해 운반하여 현장에서 바로 용접한다. 오스트리아에서는 레일 온도가 겨울이면 영하 10℃까지 내려가고, 여름이면 영상 50℃까지 올라간다. 레일 용접은 평균온도가 영상 20℃ 정도일 때 하는 것이 이상적이다. 이때는 선로의 응력(應力)이 중립인데, 이보다 온도가 높아지면 레일은 압축하중(축 방향으로 누르는 힘) 상태에 놓이고, 온도가 낮아지면 인장하중(축 방향으로 잡아당기는 힘) 상태에 놓이게 된다.

한편 선로의 횡변형lateral deformation을 억제하기 위하여 60센티미터마다 무게가 350킬로그램인 철근콘크리트 침목을 하나씩 설치하고 거기에 튼튼한 나사를 이용해 레일을 연결한다. 안정적인 콘크리트 침목이 레일을 잡아주는 것이다. 만약 목재 침목이라면 레일에 작용하는 커다란 힘을 견디지 못할 것이다.

날이 더울 때의 레일 상태는 자전거 튜브와 비슷하다. 외피가 없는 상태에서 공기를 주입한다면 자전거 튜브의 지름이 커진다. 하지만, 외피가 감싸고 있으면 지름은 커질 수 없다. 그 대신 내부 압력이 증가한다.

일본은 철도건설의 발전과 관련하여 이미 한 걸음 앞서 나가고 있다. 일본에서는 얼마 전부터 레일을 합성수지 침목 위에 설치하고 있다. 일본의 유명한 신칸센 고속철도에는 20년 전부터 그런 침목이 사용되었다. 합성수지 침목은 소음이 적고 가공하기가 훨씬 쉬우며, 내구성이 아주 뛰어나다는 장점을 가진다.

한편 독일도 합성수지 침목을 시험하기 시작했다. 하지만, 상대적으로 높은 가격 때문에 주로 분기부에 사용된다. 합성수지 침목이 지금은 주로 목재 침목을 대신하여 쓰이지만, 장차 철근콘크리트 침목을 대체하는 날이 올 수도 있다.

어쨌든 요즘 기차 여행을 하는 사람은 기차가 덜커덩거리는 소리를 내는 이유를 이해하려고 더 이상 높은 온도에서 고체가 팽창하는 물리법칙을 신경 쓸 필요가 없다. 현대 철도 기술이 레일 이음부의 틈새를 없앴고, 기차의 덜커덩거리는 소리를 부드러운 멜로디로 바꿔놓았다.

처음에 인용한 〈번개 열차〉라는 시에서 점점 더 속도를 높여 달리던 기차는 결국 반대편 기차와 충돌하는 비극적 종말을 맞는다. 빠른 속도의 결과는 바로 죽음과 폐허이다. 그 시는 혹시 발전에 대한 맹목적인 신념에 고하는 경고가 아니었을까?

비행기가 잇달아 이륙할 수 없는 이유는?

비행기를 타 본 사람이라면 아마 탑승 수속을 끝내고 게이트 앞에서 탑승 시간을 기다리다가 지루해서, 아니면 호기심에 큰 유리창 너머 활주로를 바라본 경험이 있을 것이다. 수많은 비행기가 이륙하고 착륙하는 활주로를 보다 보면 자기도 모르게 어떤 질문이 떠오른다. 자주 생각나긴 하지만 사실 정확한 답을 알지 못하는 질문. 비행기는 왜 하늘을 날까? 대체 어떻게 그것이 가능할까? 무거운 쇳덩어리가 어떻게 저렇게 우아하게 떠오를 수 있을까?

초대형 여객기인 에어버스 A380의 무게는 승객과 화물을 다 실었을 경우 560톤에 이른다. 이는 트레일러트럭 열다섯 대 무게와 맞먹는다. 저런 비행기를 정말 믿고 탑승해도 되는 걸까? 힘들게 떨쳐버린 비행공포증이 근거 없는 두려움이 아니지 않을까? 이런 생각을 하다 보면 비행공포증이 다시 재발할 수밖에 없다. 이럴 때 좀 딱딱하긴 해도 물리학에 대한 약간의 이해가 도움이 된다.

양력(揚力)이란 현상에 대해 차근차근 접근해 보자. 예를 들어 빠른 속도로 달리는 자동차 창문 밖으로 손을 내밀면 공기의 저항을 분명하게 느낄 수 있다. 이런 상상으로 일단 비행공포증을 잊어 보자. 이때 손을 위로 비스듬하게 내밀면 손이 강하게 위로 올라간다. 이에 대한 명확한 설명은 뉴턴의 작용 반작용의 법칙에 들어 있다. 사무실 의자에 앉아서 무거운 메디신볼을 힘차게 앞으로 던지면 우리 몸은 반대 방향으로 충격을 받아 의자가 약간 뒤로 밀린다. 차창 밖으로 내민 손에도 이와 똑같은 원리가 작용한다. 손바닥에 부딪힌 공기 분자들은 아래로 방향을 튼다. 공기 분자가 충돌할 때마다 손은 그에 대한 반작용으로 '작은'—공기 분자는 메디신볼과 비교할 수도 없는 크기이므로—충격을 받아 위쪽을 향한다. 하지만, 작은 충돌이 합쳐지면 위로 올라가는 것을 느낄 만한 크기의 힘이 된다.

비행공포증, 물리학으로 치료한다

이것은 진실의 아주 작은 부분일 뿐이다. 비행공포증의 물리학적 치료라는 지점에 도달하면, 우리 뇌는 이미 오래전에 잊어버렸다고 믿었던 기억의 회색지대를 들추기 시작한다. 뇌는 우리가 학교나 실용서에서 배웠던, 이미 사라졌다고 믿은 지식을 다시 찾고 불러낸다. 그러다 보면 날개의 단면 그림이 생각날 것이다.

그림에 나타난 날개 단면의 하부는 거의 평평하고 상부는 굽은 등처럼 볼록하다. 이 그림을 오래 떠올릴수록 그와 관련된 설명도 점점 선명하게 떠오른다. 맞다! 날개는 공기의 흐름을 가른다! 공기는 날개 아랫면에서는 평평한 직선을 따라 흐르고, 날개 윗면에서는 볼록한 면을 따라 우회해 흐른다. 그 두 흐름이 날개의 표면을 지나 다시 만나려면 윗면을 흐르는 공기는 이동거리가 더 멀기 때문에 보다 빠른 속도로 움직여야 한다. 따라서 공기의 이동속도가 빠른 날개 윗면에서는 주위 대기압보다 압력이 낮아지고, 아랫면에서는 주위 대기압보다 압력이 높아진다. 날개의 위쪽과 아래쪽을 흐르는 공기의 속도가 서로 다른 데서 발생하는 양력으로 인해 비행기는 하늘로 뜰 수 있다. 비행기의 속도가 충분하면, 즉 공기 흐름의 속도가 충분하면 비행기의 전체 중량을 지탱할 만큼 양력이 커진다.

공기 흐름의 속도와 압력 간의 이러한 상관관계를 말해 주는 것이 그 유명한 베르누이의 정리이다. 속도가 높을수록 압력은 낮아진다. 이 원리는 처음에는 모순처럼 들리지만 일상생활에서 자주 확인된다. 예를 들어 기차가 달릴 때 열린 차창 바깥을 따라 흐르는 공기는 열차 객실 내부의 압력을 낮추고 커튼을 창밖으로 잡아당긴다. 하지만, 이와 반대로 욕실의 샤워 커튼은 불편하게도 항상 안쪽으로 당겨진다. 그 이유는 샤워기에서 떨어지는 물과 함께 움직이는 공기로 말미암아 압력이 낮아지기 때문이다.

이제 양력이란 현상에 상당 부분 접근하였다. 그러나 정말 중요한 것을 알기 위해서는 좀 더 자세히 파고들 필요가 있다. 지금까지의 설명은 비행기 날개의 표면 아래쪽과 위쪽으로 갈라져 흐르는 공기가 결국 다시 만난다는 것을 전제로 하였다. 하지만, 그것을 반드시 요구하는 물리법칙은 없다. 오히려 그 반대다!

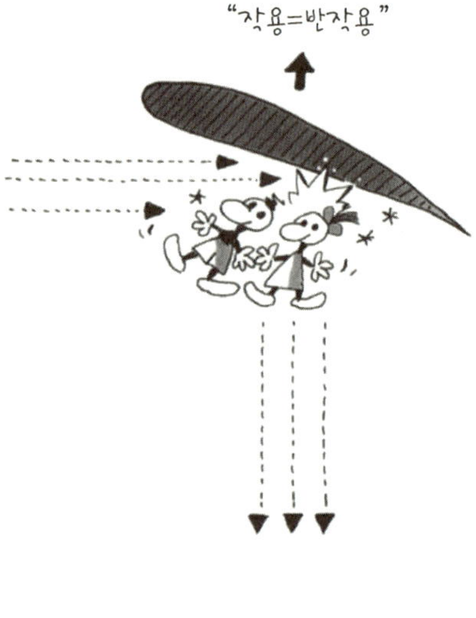

빠른 속도로 하늘을 나는 비행기의 날개를 관찰하면서 두 가지 공기 분자(88쪽 첫 번째 그림 참조)가 가는 길을 따라가 보자. 이해를 돕기 위해 두 공기 분자를 각각 안톤과 안토니아라고 부르자. 둘은 처음에는 바로 옆에 붙어 있는 이웃이다. 하지만, 날개의 앞 모서리에 부딪히면서 서로 갈라진다. 안톤은 볼록한 윗면을 넘어가고 안토니아는 아랫면을 따라 흐른다. 날개의 뒤쪽 끝에서 다시 만나면 좋으련만, 안톤의 속도가 너무 빨라서 안토니아가 날개의 뒤 모서리에 도착했을 때 안톤은 이미 그곳을 떠나고 없다. 그 둘은 결국 다시는 만나지 못한다.

여기까지가 비행기가 하늘을 날고 있을 때의 상황이다. 그런데 비행기가 활주로 위에서 막 움직이기 시작할 때는 상황이 매우 다르다(88쪽 두 번째 그림 참조). 이 상태에서는 공기가 아직 느리게 흐르며 두 공기 분자의 이야기도 좋게 전개된다. 그리고 두 공기 흐름의 속도 차이에 대한 정확한 설명이 가능하다.

여기서도 안톤과 안토니아는 날개의 앞 모서리에서 서로 갈라진다. 하지만, 둘은 똑같이 느린 속도로 각각 윗면과 아랫면을 따라 움직인다. 안토니아가 뒤 모서리에 도달하면 안톤은 그때서야 윗면의 언덕을 미끄러져 내려오고 있다. 이때 안토니아는 어떻게 할까? 안토니아는 날카로운 날개 모서리 주위를 이리저리 기어 다니다가 파트너에게 한 발짝 다가간다. 둘은 서로의 품에 안긴 채 날개의 표면에서 떨어져 나와

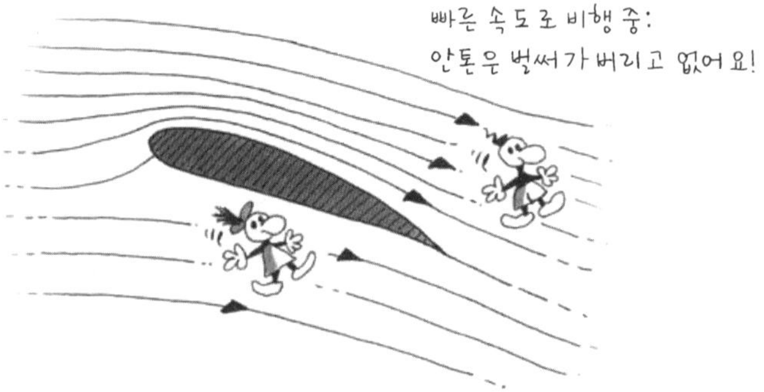
빠른 속도로 비행 중:
안톤은 벌써 가버리고 없어요!

비행기가 활주로에서
움직이기 시작할 때:
안토니아가 안톤에게 다가가요!

서로 반대 방향으로 회전하는
두 개의 소용돌이

함께 다른 곳으로 날아간다.

비행기가 속도를 높이면 공기의 흐름이 빨라진다. 그러면 안토니아가 날카로운 모서리 주변을 돌아다니다가 안톤을 맞이하려고 윗면 언덕을 거슬러 올라가기가 점점 더 어려워진다. 어느 순간 안토니아가 언덕을 거슬러 오르는 것이 아예 불가능해질 때가 온다. 그러면 모서리 주변을 맴도는 소용돌이가 생성되고, 이 소용돌이는 뒤 모서리에서 풀어지면서 활주로에 남는다(88쪽 세 번째 그림 참조).

에어버스 A380과 같은 대형 비행기의 경우 아주 강력한 소용돌이가 발생하고 이 소용돌이가 사라지기까지 심지어 몇 분이 소요될 수 있다. 만약 작은 프로펠러기가 대형 제트기 바로 뒤에 출발한다면 프로펠러기는 이 소용돌이에 빨려 들어가 세탁기의 탈수 코스에서처럼 빙글빙글 돌아 버릴 수도 있다. 그래서 활주로의 비행기 이륙 스케줄과 관련하여 몇 분 간격을 지켜야 하는지에 대해 정확한 안전 규정이 존재하는 것이다.

소용돌이는 이륙 활주로에서만 생겨나는 것이 아니다. 전체 비행 중에도 날개의 뒤 모서리에서 이런 항적난기류wake turbulence가 발생하고 비행기 뒤에 남는다.

똑똑한 새들은 V자 대형으로 난다

새의 경우에도 비행기와 똑같이 양력이 생성된다. 따라서 새의 날개에도 방금 설명한 것과 같은 소용돌이가 생겨난다. 새들은 무리지어 날 때 이 소용돌이를 목적에 맞게 잘 이용한다. 그래서 우리는 봄이나 가을에 정확한 V자 대형으로 하늘을 나는 철새 무리를 관찰할 수 있다.

편대의 맨 앞에 나는 새의 양 날개 뒤로 각각 항적난기류가 일어난다. 그 바로 뒤를 따르는 새 두 마리는 앞 새의 날개 뒤에서 위로 올라오는 소용돌이를 이용하려고 비스듬하게 앞 새의 바깥쪽에 자리를 잡는다. 그다음 새들은 또 앞의 두 새의 날갯짓으로 생성된 상승기류 속에 위치를 잡는다. 이렇게 해서 공항 대기실에 앉아 있던 우리를 곧장 《닐스의 신기한 여행》에 나오는 세계로 데려갈 만큼 아름다운 철새의 V자 대형이 생겨나게 된다.

두 번째 줄에 위치한 새 두 마리는 무리 맨 앞에 위치한 새가 가진 에너지의 덕을 본다. 간접적으로는 세 번째 줄에 있는 새들도 그 에너지의 일부를 받는데, 수학적으로 보면 더 뒤에 있는 새들까지도 그 영향을 받는다. 맨 앞에서 나는 새는 물론 더 빨리 지친다. 철새 무리를 관찰한 결과에 따르면 맨 앞자리는 계속 같은 새가 지키는 것이 아니라, 비행 중에 체계적으로 앞에 나는 새가 바뀐다. 그렇게 함으로써 철새들은 더 먼 거리를 이동할 수 있다.

탑승 시작을 알리는 안내방송이 우리를 다시 현실로 돌아오게 만든다. 하지만 아직도 해결되지 않은 질문이 남아 있다. 즉 날개 상부와 하부에 어떻게 결정적인 속도 차이가 생기는지에 관한 것이다. 목표에 거의 도달한 지금 생각해 봐야 할 또 한 가지 중요한 물리법칙이 있다. 모든 소용돌이에는 세상의 균형이 깨지지 않도록 반대 방향으로 회전하는 역방향 소용돌이가 필요하다. 우리는 이 원칙을 각운동량 보존법칙이라고 부른다.

그림(88쪽 세 번째 그림 참조)에서 시계 반대 방향으로 회전하는 항적난기류에 대한 보상으로 날개 단면 주위를 시계 방향으로 순환하는 공기의 흐름이 생기는 것을 볼 수 있다. 이 순환은 물론 주요 흐름의 방향을 바꿀 만큼 강하지는 않다. 단지 가벼운 변화가 생길 뿐이다. 날개 표면의 위쪽에서는 주요 흐름과 순환 흐름이 같은 방향으로 이루어진다. 따라서 두 흐름이 합쳐져 흐름의 속도가 더 빨라진다. 그러나 날개 표면의 아래쪽에서는 순환 흐름이 주요 흐름과 반대 방향으로 이루어지기 때문에 주요 흐름의 속도에 제동이 걸린다.

항적난기류에 의해 유발된 날개 주위의 순환 흐름이 바로 날개 단면의 상부와 하부에서의 공기 흐름 속도가 다르게 되는 실질적인, 즉 물리학적으로 정확한 원인이다. 날개 아래쪽에는 주위 대기압보다 압력이 높아지고, 위쪽에는 압력이 낮아져 날개는 중력의 반대 방향인 위로 당겨진다. 그래서 비행기가 빨리 날수록 상하면의 공기 흐름 간의 속도 차이는 커지고 양력도 더 강해진다.

바나나 크로스

이것으로 양력에 필요한 날개 상하면에 흐르는 공기의 속도 차이를 정확하게 설명했으니 이제 마음 놓고 탑승 안내를 따르면 된다. 그런데 그 전에 양력과 관련해 복잡한 사고 과정을 훌륭하게 견딘 것에 대한 보상으로 잠깐 몇 가지 다른 현상에 관한 설명도 곁들일까 한다.

골프공을 가능한 한 멀리 날려 보내기 위해서는 강하게 회전spin할 수 있도록 비대칭적으로 공의 중앙선보다 아래쪽을 쳐야 한다. 공 표면의 바로 주변 공기는 이 회전에 휩쓸리게 된다. 한마디로 공은 양력을 만드는 순환 흐름을 스스로 만들어내는 것이다. 공의 아래쪽에서 공기의 유속이 감소하는 동안 위쪽에서는 주요 흐름과 공기 순환이 같은 방향으로 일어나면서 유속이 더 증가한다. 이것으로 압력차가 발생해 아래에서는 밀어올리고 위에서는 당기는 힘이 작용하여 공을 더 멀리 날아가게 한다.

축구 선수 베컴이 자랑하는 '바나나 크로스'도 똑같은 원리에 의한 것이다. 축구공의 가운데를 기준으로 옆쪽을 차면 공이 날아가면서 수직회전축을 갖는 회전을 하게 된다. 여기에서는 공기 흐름의 속도 차이가 공의 왼쪽과 오른쪽에 나타난다. 따라서 측면으로 양력이 작용한다. 이 바나나 크로스의 묘미는 마치 잘못 찬 것처럼, 엉뚱한 방향으로 날아가는 듯 보이는 공이 (가능하면 골키퍼의 등 뒤에서) 마지막 순간에 휘어져 골대 안으로 빨려 들어가는 것이다.

이상한 돛단배

1920년대 독일의 공학자 안톤 플레트너Anton Flettner는 돛대가 세 개인 거대한 삼장선(三檣船)을 완전히 개조했다. 플레트너는 돛 장비를 철거하고, 그 대신 갑판에 금속판의 커다란 회전하는 기둥 두 개를 설치했다. 돌아가는 광고 기둥과 비슷하게 생긴 두 기둥은 디젤모터로 작동한다. 그리고 회전 방향은 바람이 부는 방향에 따라 결정된다. 바람이 왼쪽에서 불어오면 기둥은 시계 방향으로 돌아간다. 여기에도 비행기와 같은 원리가 작용한다.

회전하는 기둥 바로 옆의 공기도 기둥의 움직임에 영향을 받아 기둥 주위로 원을 그리며 흐른다. 이것으로 양력을 발생시키는 순환 흐름이 생긴 것이다. 기둥 앞쪽(뱃머리 방향)에서는 바람과 공기 순환이 서로를 강화하고, 뒤쪽에서는 순환하는 공기가 바람에 제동을 건다. 이렇게 되면 다시 공기의 유속에 차이가 생긴다. 앞쪽은 흐름이 빠르고 압력이 낮으며, 뒤쪽은 흐름이 느리고 압력이 높다. 그 결과 배를 앞쪽으로 전진시키는 양력이 작용한다. 그러니까 회전하는 기둥은 기존 돛단배에 비스듬히 설치된 돛과 같은 기능을 하는 것이다. 플레트너는 개조한 배로 아무런 문제 없이 대서양을 횡단함으로써 자신이 만든 시스템이 실제로도 훌륭하게 작동한다는 것을 증명하였다.

그럼에도 플레트너가 만든 배는 이후 더 이상 발전할 수 없었다. 그 배의 가장 큰 단점은 바로 연료를 소비한다는 것이었다. 배의 추진이 일차적으로는 풍력에 의해 이루어진다고 하더라도, 기둥은 모터로 작동되어야 한다. 이때 필요한 모터 출력은 비록 배의 스크루를 작동하기 위한 엔진의 출력보다는 훨씬 작다. 하지만, 전통적인 범선은 아예 엔진이 필요 없다.

그런데 얼마 전 플레트너의 아이디어가 다시 빛을 보았다. 이는 계속 상승하는 디젤유의 가격 때문이었다. 독일의 한 조선소에서 현재 에너지 절약형 하이브리드 화물선이 건조되고 있다. 선체는 흐름저항이 최소화된 최신 디자인을 갖추었고, 갑판에는 배의 추진을 도울 네 개의 거대한 플레트너 기둥이 설치되었다. 이 하이브리드 화물선은 엔진이 전면 가동되었을 때 바람이 충분하면 연료를 3분의 1까지 절약할 수 있다.

골프공엔 왜 오목한 딤플이 있을까?

이제 비행기 입구에서 굳은 미소로 건네는 승무원들의 환영

인사도 받았고, 운 좋게 신문도 한 부 손에 넣어 비행기 날개가 내다보이는 창가 좌석에 자리를 잡았다. 비행기 동력장치는 벌써 가동 중이다. 그런데 저 동력장치들은 기름을 얼마나 먹을까? 최신 여객기는 100킬로미터를 비행하는 데 승객 한 사람당 3~6리터의 연료를 소비한다(여객버스의 경우 0.5리터). 가능하다면 연료 소비를 줄이는 것이 바람직하지 않을까? 여기서 연료를 절약하는 원리를 골프공을 통해 알아보자.

골프공의 표면에 오목하게 파인 홈(딤플)은 단지 영국식 미적 감각의 표현이 아니라 상당한 공기역학적 장점을 가지고 있다. 일단 표면이 매끄러운 공이 있다고 가정하고, 그 공이 날아가는 모습을 측면에서 관찰한다고 생각하자. 공기의 흐름은 공으로 말미암아 갈라지고 공의 표면을 따라 방향이 바뀐다. 측면에서 보았을 때 공의 폭이 가장 넓은 지점에 도달하기 전에 공기의 흐름이 공 표면으로부터 멀어지고, 심지어 약간 더 넓어지면서 공의 뒷부분에 있는 소용돌이 영역으로 흘러들어 간다.

그러나 딤플이 있는 공의 주변 공기 흐름은 아주 다른 형상을 보인다. 각 딤플에서는 미니 소용돌이가 형성된다. 이 소용돌이로 인해 공기의 흐름이 공의 표면에 더 오랫동안 붙어 있다가 더 늦게 표면으로부터 분리된다. 공기는 공의 정면에서 갈라지고 폭이 가장 넓은 지점에서 멀리 떨어져서 표면을 따라가다가 공의 끝부분에 도달하기 직전에서야 분리된다. 따라서 공 뒷부분의 소용돌이 영역은 현저히 작다.

LOST&FOUND
크기가 딱 요만하고,
둥글고, 표면에 오목하게 파인
구멍이 많이 있어요.

맞바람의 관점에서는 공의 실제 크기가 아니라 소용돌이 영역의 지름이 유효한 공기저항을 결정한다. 이렇게 볼 때 골프공에 딤플을 만들어 넣은 것은 아주 합리적인 투자이다. 딤플을 만드는 데 어느 정도 에너지가 소비되기는 하지만, 딤플이 공기 마찰의 증가를 최소한으로 줄이고, 소용돌이 영역이 축소되어 유효한 공기저항이 전체적으로 현저히 줄어든다.

눈치 빠른 골프공 디자이너들은 이 비결을 아마도 상어를 보고 생각해냈을 것이다. 상어 비늘은 골프공의 딤플과 똑같은 효과를 낸다. 상어 비늘에도 흐름저항을 줄여 주는 수많은 미니 소용돌이가 형성된다. 최근 조사에 따르면 상어는 자신의 피부구조를 헤엄치는 속도에 따라 맞춘다고 한다. 상어는 어떤 상황에서도 흐름저항을 최소화하기 위해, 헤엄치는 속도가 빨라질수록 비늘을 더 강하게 곤두세운다. 이렇게 해서 시속 80km까지 속도를 낼 수 있다.

이제는 비행기 날개와 관련해서도 창의적이고 다양한 최적화 아이디어가 존재한다. 그중 한 가지는 날개 표면에 수많은 작은 구멍을 뚫는 것이다. 그래서 공기 흐름의 상황에 따라

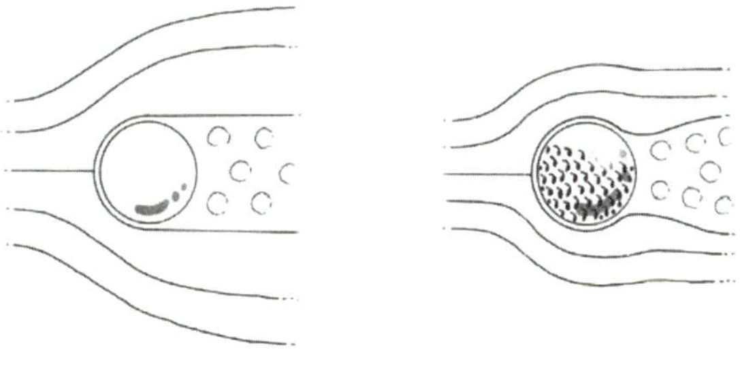

펌프 장치로 그 구멍들을 통해 공기를 빨아들이거나 내뿜는다. 이런 방법으로 날개 뒷부분에 생기는 소용돌이 영역의 형태와 크기를 목적에 맞게 변화시킬 수 있다. 컴퓨터 시뮬레이션에서는 이 아이디어가 이미 실행되고 있다. 이론적으로는 이 방법을 통해 상당한 수준의 연료 절약이 가능하다. 다만 아직 해결되지 않은 것은 안전상의 문제이다. 소용돌이 영역을 적극적으로 만들어냄으로써 극단적인 경우 날개의 표면에서 공기 흐름이 끊길 수 있고, 추락의 위험이 증가하기 때문이다. 이런 이유로 현재 어떤 항공기구도 이 시스템을 허가하지 않고 있다.

비행기 창문을 통해 아직은 날개에 작은 구멍들이 뚫려 있지 않은 것을 확인하고 우리는 안도의 한숨을 내쉰다. 어쩌면 작은 구멍들 대신 공기의 흐름을 따라 춤추듯 나풀대는 유색의 끈 같은 것을 보게 될 수도 있다. 이 끈들은 공기 흐름 센서의 가장 간단한 형태이다. 항공기 자체만큼이나 참 시대착오적이다. 지난 40년 동안 기본 기술에 있어서는 본질적으로 바뀐 것이 별로 없다. 이 말은 해당 기술의 실효성이 정말 입증되었다는 이야기이다. 그리고 이제 우리는 그 뒤에 숨은 물리법칙들도 알고 있다. 그러니 느긋하게 긴장을 풀고, 의자를 약간 뒤로 젖히고 비행을 즐기자.

브레멘의 낙하 타워

도시 여행의 목적지로 아름다운 [6]한자 도시 브레멘은 어떨까? 브레멘에 간다면 무슨 일이 있어도 '브레머 핑켈Bremer Pinkel'을 먹어봐야 한다. 브레머 핑켈은 납작 귀리와 그린 캐비지green cabbage가 들어간 브레멘 전통 음식이다. 아마 이 이름이나 요리에 대한 설명을 듣고 상상한 것보다 실제 맛이 훨씬 더 좋을 것이다. 한편 브레멘을 찾는 사람이면 누구나 한 번쯤 사진을 찍는 '브레멘 음악대' 동상과 아주 가까운 곳에 위치한 브레멘 대성당에 들어갈 때면 거의 매일 이상한 광경을 볼 수 있다. 결혼을 앞둔 새신랑이 이상한 옷을 입고 빗자루로 대성당 계단을 뒤덮은 수많은 맥주병 뚜껑을 쓸고 있는 모습이다. 이는 신랑의 친구들이 희생정신을 발휘하여 몇 달간 모은 것들이다.

브레멘 외곽에는 견학할 만한 특이하고 인상적인 건축물이 있다. '[7]브레멘 낙하 타워Bremer Fallturm'라는 이름의 이 탑에 숨어 있는 물리법칙은 이미 우리 모두에게 친숙한 중력의 법칙이다. 이 법칙은 모든 물체는 지구 중심 쪽으로 끌어당겨지고 있다는 것이다. 지구 표면에서의 중력가속도는 정확히 1g(9.81m/s²)이다. 이때 중력가속도의 단위 g를 무게의 단위인 그램의 기호 g와 혼동하지 않도록 한다. 그런데 왜 여기서 그

6) 중세 중기 독일에서 상업상의 목적으로 동맹을 맺은 도시
7) 브레멘 대학 '응용 우주 기술 및 미세 중력센터'의 무중력 실험을 위한 탑

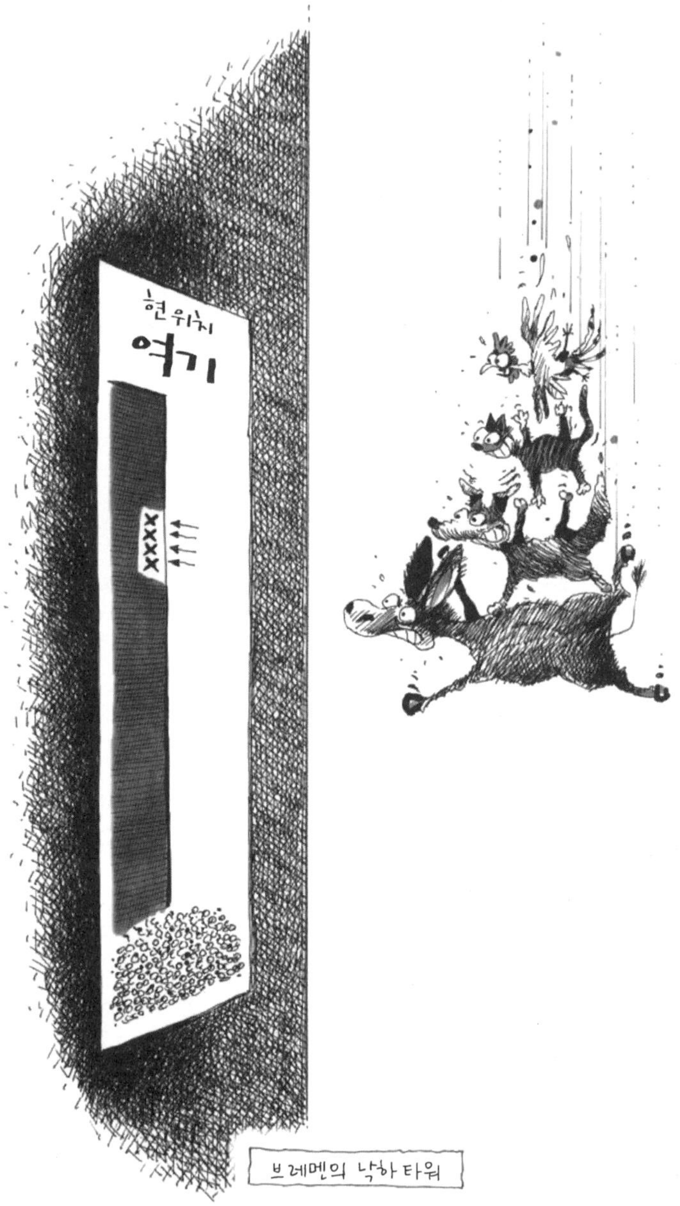

브레멘의 낙하 타워

냥 중력이라고 말하지 않고 '중력가속도'라는 추상적인 개념을 써야 하는 걸까? 그 이유는 간단하다. 지구 표면에서 물체가 떨어지는 가속도는 물체의 질량과 관계없이 일정하기 때문이다. 하지만, 중력의 경우는 쥐보다 코끼리에 작용하는 중력이 당연히 더 크다.

중력가속도의 단위 g를 좀 더 분명하게 이해하기 위해 몇 가지 예를 들어 보자. 비행기가 이륙할 때 기내에 앉아 있는 승객들은 몸이 좌석 쪽으로 눌리는 느낌을 받는데, 이때 약 1.5배의 중력, 즉 1.5g를 몸으로 느낀다. 또한 포뮬러원F1 경기 중에 드라이버가 느끼는 중력가속도는 최대 5g에 달한다. 세탁기 안의 세탁물은 탈수 코스에서 약 300g의 중력가속도를 견뎌야 하고, 재봉틀의 바늘에 발생하는 중력가속도는 심지어 6,000g에 이른다. 반대로 브레멘 낙하 타워의 경우에는 가능한 한 0g에 가까운 상태를 만드는 것이 목적이다.

1980년대 말 브레멘 외곽의 습지 한가운데에 높이 146미터의 거대한 콘크리트 탑이 세워졌다. 탑 내부에는 위가 막히고 지름이 3미터 정도인 강관(鋼管)이 서 있다. 물리 실험을 위해 드럼통보다 약간 큰 실험용 캡슐이 이용되는데, 조종과 평가에 필요한 배터리작동 컴퓨터를 포함한 모든 물리학적 실험 장비들을 설치한 후 캡슐을 잠근다. 그런 다음 캡슐을 강관 내 와이어로프에 매달고, 강관 입구를 밀폐한 후 캡슐을 천장 바로 아래까지 잡아당긴다. 그리고 공기저항을 없애기 위해 관 안에 있는 공기를 펌프를 이용해 빼낸다. 이 작업에 몇 시간이 소요된다. 그동안 캡슐은 위에서 이리저리 흔들리다가 결국 완전히 정지 상태에 이른다. 설사 외부의 콘크리트 탑이 바람에 흔들리더라도 캡슐은 전혀 영향을 받지 않는다. 내부에 있는 낙하관은 바깥의 콘크리트 관과 완전히 분리되어 있다.

마침내 준비가 완료되고 대망의 순간이 왔다. 로프에서 분리된 캡슐은 140미터 아래로 떨어진다. 채 5초도 안 되는 낙하 시간 동안 캡슐 안은 무중력 상태가 된다. 캡슐은 결국 거대한, 스티로폼 구슬로 가득 찬 캡슐받이 통 안으로 떨어지고 수 미터 아래에 파묻힌다. 낙하 실험을 할 때마다 스티로폼 더미에 파묻힌 바늘 같은 캡슐을 찾아 헤매지 않기 위해 엔지니어들이 한 가지 요령을 생각해냈다. 전투기가 항공모함에 착륙할 때 갑판에 설치된 와이어에 전투기 후미에 달린 갈고리가 걸리도록 해서 착륙하는 것처럼 캡슐도 스티로폼 통에 떨어지기 전에 밧줄에 걸리도록 한 것이다. 이 밧줄을 이용해서 스티로폼의 바다에서 문제없이 캡슐을 건져낼 수 있다.

소중한 몇 초의 시간

5초는 사실 너무 짧은 시간이다. 그래서 과학자들은 몇 년 전 한 가지 방법을 이용해 무중력 시간을 두 배 정도로 늘렸다. 그들은 낙하 타워의 기저에 압축공기를 동력으로 하는 거대한 캐터펄트(사출장치)를 설치하였다. 실험 시작 전, 스티로폼 구슬을 채운 캡슐받이 통이 옆으로 움직인다. 그리고 캡슐을 캐터펄트에 장착한다. 발사속도는 준비된 캡슐의 무게에 정확히 맞추어야 한다. 캐터펄트에 장착된 캡슐은 4분의 1초 안에 대략 시속 175km까지 가속이 된다. 사출과 동시에 캡슐 내부는 무중력 상태가 되고 수직으로 위를 향해 올라간다. 그리고 강관 천장 몇 미터 아래에서 멈추었다가 다시 아래로 떨어진다. 아래에는 옆으로 밀려 있다가 제자리를 찾은 캡슐받이 통이 제시간에 캡슐을 받아내기 위해 기다리고 있다. 발사는 캡슐이 비행 과정 내내 완벽하게 수직 상태로 유지되도록 아주 정밀하게 이루어진다. 그렇지 않으면 지름이 겨우 3미터밖에 되지 않는 관 내부에서 캡슐이 벽에 부딪힐 위험이 너무 크다.

시간이 늘어났다 해도 몇 주 혹은 몇 달이 걸려 준비한 실험을 9초라는 짧은 시간에 완벽하게 성공해야 한다. 뿐만 아니라 낙하 타워 실험의 신청자가 많아서, 또다시 실험하기 위해서는 오랫동안 순서를 기다려야 한다. 추후 국제우주정거장ISS으로 보낼 실험들을 낙하 타워에서 테스트하는 경우가 자주 있기 때문이다. 사람들은 생물학과 생의학 실험 외에도 무중력 환경에서 액체가 어떻게 변화하고 연소 과정은 어떻게 이루어지는지를 중점적으로 연구하고 있다. 새로운 로켓 추진기가 개발될 경우 연료펌프와 점화, 연소가 무중력 상태에서 확실하게 작동해야 하므로 이런 실험이 꼭 필요하다.

낙하 타워 구축뿐 아니라 가동하는 데 필요한 비용 등, 낙하 타워와 관련해 발생하는 여러 가지 비용이 실험에서의 짧은 낙하 시간에 비해 지나치게 높아 보일 수도 있다. 하지만, 그 대신 9초 동안은 완벽한 무중력 상태를 만들어낼 수 있다. 세계적으로 이런 시설은 몇 군데밖에 없다. 브레멘의 낙하 타워처럼 탑 형태거나 아니면 땅속을 수직으로 파서 만든 낙하 터널 형태의 시설들이 있다. 브레멘의 낙하 타워는 전 세계에서 가장 좋은 무중력 상태가 가능한 시설로 꼽힌다. 심지어 국제우주정거장의 무중력 환경보다도 약간 더 낫다는 평가도 있다. 어쩌면 상당히 역설적으로 들리는 이러한 평가를 이해하기 위해서는 국제우주정거장의 무중력 환경이 어떻게 생성되는지 알아볼 필요가 있다.

자유낙하하는 우주정거장

국제우주정거장은 지상으로부터 360킬로미터 높이에서 지구 주위를 돌고 있다. 이 길이는 비엔나와 뮌헨 간 거리보다도 짧다. 따라서 우주정거장은 당연히 지구 중력의 영향 아래에 있다. 야외 수영장에 설치된 360킬로미터 높이의 다이빙대를 한번 상상해 보자. 거기서 아래로 다이빙을 한다면 상당히 긴 자유낙하를 경험하게 된다. 그 시간 동안은 멋진 무중력을 경험하겠지만 결국에는 '풍덩!' 하고 말 것이다. 다음 시도에는 아주 힘찬 도움닫기와 함께 뛰어내린다. 이번에는 도움닫기를 한 만큼 '지구 아래쪽으로' 조금 더 큰 궤도를 그리며 바닥에 도달할 것이다. 따라서 비행궤도의 길이와 시간은 분명히 이전보다 길 것이다. 그나저나 낙하지점에 수영장이 꼭 있어야 할 텐데!

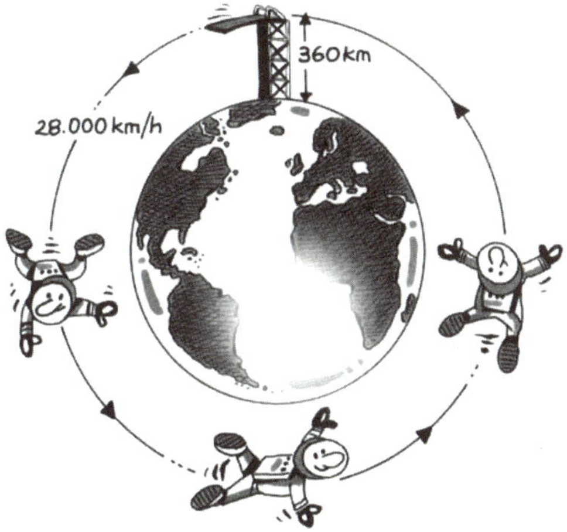

국제우주정거장은 이러한 가상의 다이빙대로부터 약 시속 28,000km의 속도로 출발한다. 이는 지구의 중력과 원심력(예를 들어 회전목마를 탈 때 몸을 바깥으로 잡아당기는 것 같이 느껴지는 힘)이 똑같은 크기라서 서로 상쇄되는 속도이다. 근본적으로 우주정거장은 지구를 향해서 계속적으로 자유낙하하고 있는 것이다. 하지만, 이 자유낙하는 그 속도 때문에 지구 주위를 도는 원형 궤도 위에서 이루어진다. 그래서 이론적으로는 무한히 계속된다. 그리고 그 시간 동안 무중력 상태에 있게 되는 것이다.

이 표준속도는 물론 계속 주의 깊게 지켜져야 한다. 우주왕복선과의 도킹과 분리작업, 그뿐만 아니라 우주먼지나 유성조각들과의 계속적인 충돌로 말미암아 우주정거장은 본래의 이상적인 진로에서 이탈하거나 제동이 걸릴 수 있다. 그렇게 되면 중력이 우세해질 수 있고, 우주정거장은 점점 더 지구 방향으로 내려오다가 언젠가는 대기권에 진입하여 별똥별로 타버릴 것이다. 이런 일이 일어나지 않도록 우주정거장의 보조엔진은 모든 궤도 이탈을 곧장 수정한다.

모든 외부 영향은 우주정거장의 무중력 상태를 방해하는 요소로 작용한다. 게다가 각종 펌프, 모터 및 기타 장치들 때문에 유발되는 진동도 있다. 이와 달리 브레멘 낙하 타워의 캡슐은 외부의 모든 영향으로부터 분리되어 있다. 따라서 비록 낙하 시간은 짧지만 그 시간 동안은 세계에서 유일한 수준인 중력가속도의 백만분의 1g에 해당하는 무중력 환경을 제공한다. 우주정거장의 무중력 환경은 평균적으로 천분의 1g에 불과하다.

가능한 한 무중력에 가까운 환경에서 실험할 수 있는 비교적 값싼 방법은 이른바 '구토혜성vomit comet'을 이용하는 것이다. 구토혜성은 무중력 훈련 비행기의 별명으로, 일반 여객기의 내부 좌석을 모두 철거하고 내벽에 두툼한 완충재를 덧댄 비행기를 말한다. 이 비행기는 처음에는 수평으로 날다가 엔진 추진력을 증가시키며 급상승한다. 이때 비행기 안의 승객은 바닥으로 눌리는 느낌과 함께 지구 표면의 거의 두 배에 달하는 2g의 중력을 느끼게 된다. 이렇게 상승하던 비행기는 갑자기 엔진 추진력을 줄이고 포물선 궤적을 그리며 자유낙하 비행을 한다. 여기서 나타나는 궤적은 비스듬하게 위로 던져 올린 공이 떨어질 때 보이는 것과 같다. 이때 비행기 내부에는 약 20초 동안 무중력에 가까운 환경이 만들어진다. 이 시간 동안 비행기는 최고 고도에 도달했다가 이어서 점점 더 가파른 급강하 비행으로 넘어간다. 마지막 순간에 조종사는 다시 엔진 추진력을 증가시키고 비행기를 수평 궤도로 되돌려 놓는다. 한 번 비행에 중력과 무중력 상태를 번갈아 경험하는 포물선 비행이 30번까지 가능하다. 그러다 보면 당연히 속이 뒤집히지 않을까? 그래서 무중력 비행기 안에는 초보자들을 위한 종이봉투가 충분히 마련되어 있다.

비엔나 슈니첼의 자취를 따라 유럽 일주를!

무중력 비행기 때문에 속이 울렁거리고 입맛이 달아나기 전에 차라리 지상에 머무르면서 [8]비엔나 슈니첼의 조상을 찾아가는 여행을 떠나는 것이 좋겠다. 교통수단으로는 좀 낡은 디젤엔진 자동차를 이용할까 한다. 자동차로 여행해 본 사람

8) Wiener schnitzel. 돈가스와 비슷하게 요리한 송아지 고기 커틀릿으로 오스트리아 전통 음식

이라면 연료계의 지시바늘이 E를 가리키고 연료경고등에 불이 들어왔는데 주위에 주유소는 눈을 씻고 봐도 찾을 수 없을 때의 답답한 기분을 알 것이다. 혹시나 준비성이 뛰어나서 차에 예비 연료통을 실어 놓았을지도 모르지만 그 통마저 비어 있다면 정말 낭패가 아닐 수 없다. 그런데 연식이 좀 오래된 디젤 자동차를 몰고 여행 중인 사람이라면 이런 상황에 처해도 남들보다 훨씬 쉽게 문제를 해결할 수 있다.

만약 디젤차의 엔진이 1990년대까지 리무진뿐 아니라 화물차에도 흔히 사용되었던 연료 분사 방식인 프리챔버 prechamber를 이용한 간접분사 방식을 사용하는 것이라면 슈퍼마켓이나 작은 시골 음식점에서도 구할 수 있는 샐러드오일을 주유하면 된다. 바깥 온도가 너무 낮은 추운 겨울만 아니라면, 그래서 샐러드오일이 뿌옇게 응고되어서 연료관을 막는 일만 없다면 옛날 디젤엔진은 식물성 기름으로도 문제없이 작동이 가능하다. 단 한 가지 부작용은 배기구에서 패스트푸드 레스토랑 냄새가 날 수 있다는 것이다. 식물성 기름으로도 움직이는 이런 낡은 디젤 자동차의 존재를 위협하는 유일한 요소는 서둘러 도입된 폐차보상금이다. 폐차보상금이 도입되면서 몇 년 동안 조심스럽게 관리하며 타온 자동차들을 유압식 고철압착기라는 단두대로 보내는 사람들이 많다.

치솟는 디젤유 가격을 생각하면 식물성 기름을 연료로 사용하는 것은 경제적으로 충분히 매력적인 대안이 될 수 있다.

슈니첼 코너
프라이팬에 서빙합니다!
어머, 이 멋진 프라이팬 무늬 좀 봐요!
난 그것보다 이 슈니첼 자체에 더 관심이 가는데…… 꼭 헤르베르트 삼촌처럼 생기지 않았어?

지난 몇 년 새에 인터넷 카페를 중심으로 식물성 기름 애호가 모임이 생겨나서 회원들 간에 활발하게 경험을 교환하고 있다. 이제는 직접분사 방식의 최신 디젤엔진에도 식물성 기름을 사용 가능하게 하는 개조 설명서도 있다. 개조 대상은 연료 분사 펌프와 분사노즐이고, 기름이 시베리아처럼 추운 겨울에도 응고되지 않고 엔진이 작동되도록 대부분 별도로 연료 가열장치를 장착한다.

식물성 기름을 연료로 사용하는 자동차의 좋은 점 또 하나는 이산화탄소 배출의 측면에서 중립적이라는 것이다. 기름이 연소될 때 생성되는 이산화탄소의 양은 식물성 기름의 원료가 되는 유채나 옥수수 또는 여타의 곡물들이 성장하는 동안 햇빛과 물, 엽록소와의 상호작용을 통해 산소와 당분으로 전환되었다(광합성). 다시 말해 식물은 살아 있는 동안에 이후 그 식물에서 얻을 기름이 연소되는 데 필요한 양만큼의 산소를 생산하므로, 결국 대기 중의 이산화탄소를 증가시키지 않는다는 말이다. 더 정확하게 하자면 파종과 추수 그리고 식물을 기름으로 가공할 때 필요한 에너지 소비도 별도로 고려되어야 한다. 하지만, 물리학자들이 흔히 '일단 첫 번째 근사치만 나오면 그것으로 충분히 만족스럽다'고 하는 것처럼 그 정도의 탄소 중립성만 달성해도 그게 어디인가!

여기서 스스로에게 던져볼 질문이 있다. 아직도 어디에선가는 매일 수많은 사람들이 기아에 허덕이는데, 소중한 식품을 에너지를 낭비하는 개인 교통을 위해 써 버리는 것이 혹시

서구의 오만함과 방자함의 표현은 아닌가 하는 것이다.

앞으로 비엔나 슈니첼의 자취를 따라 유럽 일주(식물성 기름을 연료로 사용하는 자동차가 정말 딱 어울리지 않나?)를 하다 보면, 그리고 그러다가 프라이팬의 기름을 못 쓰게 되어 버릴 수밖에 없는 실험을 하다 보면 윤리적 문제도 떠오를 수 있다.

어쨌든 비엔나 슈니첼은 지난 수십 년 동안 국제적으로 유명한 음식으로 발전했고 수많은 메뉴판의 맨 윗자리를 차지하게 되었다. 물론 그렇게 되기까지 굴욕의 순간들도 있었다. 영화 〈사운드 오브 뮤직〉에 나오는 노래 〈내가 좋아하는 것들My favorite Things〉에도 슈니첼이 등장한다. 그런데 노래의 각운을 맞추다 보니 'crisp apple strudels(바삭바삭한 사과파이)'란 앞 행에 이어 다음 행에서 'with noodles'를 추가하여 국수를 곁들인 슈니첼이 될 수밖에 없었다. 그 영화는 (유감스럽게도) 세계적으로 대히트를 쳤고, 결국 수백만 명의 머릿속에 특정한 오스트리아 이미지를 만들게 되었다. 특히 미국에서 온 관광객들은 아직도 비엔나 슈니첼을 주문할 때면 곁들임으로 국수를 기대한다. 국수와 비교하면 요즘 곁들임으로 가장 많이 제공되는 감자튀김은 그래도 봐줄만 하다. 정확히 하자면 슈니첼 곁들임용 감자는 감자 샐러드나 [9]파슬리 감자의 형태로 제공되는 것이 맞다.

많이 알려진 한 가지 전설에 따르면 비엔나 슈니첼은 오스

9) 파슬리 고명을 얹은 감자 요리

트리아의 용장 라데츠키 장군에 의해 19세기 이탈리아에서 비엔나로 전해졌고, 오스트리아 황제의 맘에 든 그 음식은 이어 비엔나 요리로 자리를 잡았다고 한다. 하지만, 이 전설에 대해서는 과학적인 반증이 존재한다. 현재 밀라노뿐 아니라 다른 여러 곳에서도 먹을 수 있는 '[10]코스톨레타 알라 밀라네제'가 실제로 비엔나 슈니첼의 본보기였을 수도 있지만, 그 요리법은 아마도 중세 후기에 이미 비엔나로 전해진 것으로 보인다. 프랑스에서는 '파리식 슈니첼'이 자리를 잡았다. 파리식 슈니첼의 튀김옷에는 빵가루가 안 들어가기 때문에 맛에 있어서나 모양에 있어서 비엔나 슈니첼에 조금 못 미친다. 현재 사람들에게 거의 잊혀진 커틀릿 요리는 '베를린 슈니첼'이다. 베를린식 슈니첼은 얇게 자른 소의 유방 부위를 튀긴 요리이다.

금박으로 만든 튀김옷

슈니첼의 전신은 추측컨대 고대 이스탄불에 이미 있었던 것 같다. 당시에는 고기에 금박을 입혔다. 물론 그 정도 경제력이 있는 사람이라는 것을 전제로 한다. 15세기나 16세기경 북부 이탈리아에서는 그런 호화로운 요리법이 너무나 만연해

10) Costoletta alla milanese. 밀라노식 쇠고기 커틀릿

공식적으로 금지될 정도에 이르렀다. 이후 절대 오리지널 금박과 똑같을 수는 없겠지만 그래도 금박을 입힌 것과 비슷하게 황금빛이 나도록 밀가루와 계란, 빵가루를 섞은 튀김옷을 고기에 입히는 방법이 개발되었다.

비엔나식, 밀라노식, 파리식 또는 베를린식 등 어떤 방식으로 요리를 하든 슈니첼은 결국 뜨거운 기름 속으로 들어가야 한다. 그리고 바로 거기서, 그것도 바로 우리 눈앞에서 자기조직화라는 놀라운 현상이 벌어진다. 단지 기름이 투명하기 때문에 우리가 그것을 눈치채지 못할 뿐이다. 그런 면에 있어서 옛날의 금박 숭배자들은 운이 좋았던 것 같다. 종잇장처럼 얇게 만든 금속판은 자기조직화 현상을 눈으로 볼 수 있게 만드는 가장 좋은 수단이다.

TIP

프라이팬에 생기는 신기한 무늬

비용이 많이 들기 때문에 금박 대신 물감 가게나 공작용품점에서 쉽게 구할 수 있는 알루미늄 스팽글을 사용한다. 얇고 반짝이는 알루미늄 스팽글을 현미경으로 관찰해 보면 보통 가정에서 사용하는 알루미늄포일에서 잘라낸 조각처럼 보인다. 유체역학 실험에는 종종 투명한 기름을 사용한다. 유체 흐름의 구조를 눈으로 볼 수 있기 위해 기름에 (가능한 한 작은) 알루미늄 스팽글을 섞는다. 스팽글은 뭉치지 않고 기름에 골고루 퍼지며 아주 약한 흐름에도 그 흐름을 따라 움직인다.

깨끗한 프라이팬에 손가락 두께만큼의 높이로 기름을 채운 뒤 미량의 알루미늄 스팽글을 넣고 조심스럽게 저은 다음 불 위에 올린다. 기름이 가열되면 과연 어떤 일이 벌어질까? 빛에 반사된 기름의 표면을 잘 관찰해 보자. 기름이 차가울 때에는 표면이 거울처럼 빛나고 매끄럽지만, 온도가 올라가면서 표면이 울퉁불퉁해지고 외관상 불규칙적인 구조를 갖게 된다. 또한 알루미늄 스팽글을 통해 기름의 실제 움직임을 눈으로 볼 수 있다. 불을 켜고 얼마 안 있어 바로 알루미늄 스팽글 때문에 은색으로 반짝이는 기름이 움직이기 시작한다. 놀라운 것은 이때 생기는 무늬가 아주 규칙적이라는 것이다. 수많은 벌집 모양의 육각형 무늬가 형성되는데, 그 무늬 안에서 기름은 분수와 같은 움직임을 보인다. 각 벌집무늬 가운데에서는 기름이 수직으로 올라갔다가 표면을 따라 벌집 가장자리로 움직이고 가장자리에서 다시 내려가며, 이러한 움직임이 반복된다.

알루미늄 조각들은 항상 기름의 흐름과 평행하게 움직인다. 그래서 기름의 표면을 따라 움직이는 것을 위에서 바라보면 알루미늄 조각의 반짝이는 넓은 면들이 보인다. 그리고 각 '분수'의 중앙과 가장자리에서는 조각들이 수직으로 움직인다. 따라서 종잇장처럼 얇은 옆면은 보이지 않고, 기름은 거의 검은색을 보인다. 이로써 알루미늄 스팽글을 통해 기름이 흐르는 방향에 어떤 차이가 있는지 분명하고 자세하게 관찰할 수 있다.

프라이팬 바닥이 완전히 평평하고 전체가 고르게 가열된 이상적인 조건에서는 똑같은 모양과 크기의 육각형으로 이루어진 놀라울 정도로 규칙적인 무늬가 형성된다. 하지만 전기레인지로 가열하면 고르게 가열하기가 쉽지 않다. 전기레인지는 대부분 자동온도조절 장치에 의해 조절된다. 그 때문에 평균적으로 원하는 온도를 유지하기 위해 켜졌다 꺼졌다를 반복한다. 세라믹레인지의 경우 전열기가 벌겋게 달아올랐다 꺼졌다 하는 것을 눈으로 볼 수 있다. 전자레인지도 같은 원리에 의해 작동한다. 전자레인지는 최대출력으로 놓았을 때에만 연속 가동한다. 이보다 낮은 출력을 선택하면 가동, 비가동이 번갈아 가며 반복되는데, 가열단계에서는 윙윙거리는 소리가 들리고, 공전단계에서는 소리가 훨씬 작아지는 것으로 구분이 가능하다. 이것을 눈으로도 확인하는 방법이 있는데, '[11]초코키스'라는 간식을 레인지 안에 넣고 작동시키면 각 단계에 따라 팽창하거나 수축하는 것을 볼 수 있다. 터지지만 않는다면…….

방금 설명했듯이 전기레인지는 연속 가열 방식이 아니므로

11) 초콜릿으로 코팅한 마시멜로

가스레인지를 이용하는 것이 그나마 낫다. 가스레인지는 한 번 작동하면 연속 가열이 가능하지만, 프라이팬 바닥 전체를 고르게 가열하지는 못한다. 그래서 집 부엌에서 이 실험을 할 경우에는 대부분 변형된 오각형과 육각형 무늬가 섞여서 나타난다.

항상 일정한 가열이 가능하고 바닥이 완전히 평평한 용기가 갖추어진 실험실에서는 앞에서 설명한 간단한 실험도구와 방법을 이용해 동일한 육각형으로 이루어진 완벽하게 대칭적인 벌집무늬로의 자기조직화를 관찰할 수 있다.

왜 기름은 흐르기 시작하고, 어떻게 일정한 벌집무늬의 배열이 이루어질까?

가열된 액체의 움직임에 대한 가능한 한 가지 설명은 양력이다. 프라이팬이 뜨거워지면 프라이팬 바닥에서 가까운 기름이 가열되기 시작한다. 가열된 기름은 조금 팽창하고, 따라서 아래쪽에 있는 뜨거워진 기름은 위쪽에 있는 차가운 기름보다 가벼워진다. 정확하게 말하자면 밀도가 작아지는 것이다. 그래서 차가운 기름은 아래로 내려가고 아래에 있던 뜨거운 기름을 표면으로 밀어 올린다. 이제 아래가 다시 가열되는 동안 위는 식고, 이런 식으로 순환과정이 되풀이된다. 여기까지의 설명은 상당히 납득할 만하다.

그러나 한 가지 놀라운 사실이 있다. 프라이팬 실험을 과학용 로켓의 무중력 환경에서 실시하였다. 무중력 상태에서는 밀도차가 발생하지 않기 때문에 양력이 없다. 그런데도 전열기를 작동하자 똑같이 육각형의 벌집무늬가 형성되었다. 이것으로 양력은 올바른 설명이 아니란 것을 알 수 있다. 그렇다면 뜨거운 기름의 역학을 무엇으로 설명할 수 있을까?

무중력으로의 나들이

정확한 설명을 찾기 위해 잠깐 국제우주정거장에 들러보자. 우주정거장에 있는 우주인들은 엄격하게 짜인 계획에 따라 하루를 보낸다. 매일 아침 여섯 시에 자명종이 울린다. 그리고 아침 운동과 아침 식사가 끝나고 여덟 시가 조금 지나(우주정거장에서는 영국 그리니치 표준시를 기준으로 한다) 하루의 업무가 시작된다. 13시부터 한 시간 동안 점심을 먹고 나면 19시 30분까지 계속 일을 한다. 그 후에는 근육 손실을 방지하기 위해 열심히 근육훈련을 실시하고, 21시 30분경 지친 몸으로 소박한 자기만의 공간으로 들어가 휴식을 취한다. 개인 침실이라고 해봤자 지방 기차역 화장실 크기의 반보다도 작은 공간이다. 거기에는 공간 절약을 위해 수직으로 세워져 벽에 고정된 침낭이 있고, 그 안에 들어가 잠을 잔다. 침낭 옆에는 지구에 두고 온 가족과 친척의 사진 몇 개를 놓을 정도의 자리가 있다.

따라서 우주인들은 하루에 10시간을 일한다. 그러나 미국

항공우주국NASA 노조에서 토요일에는 다섯 시간만 일하고 일요일은 휴식을 취한다는 조건을 관철시켰다. 사측에서 지불하는 높은 복리후생비를 생각하면 정말 사치스러운 직장이다. 주말마다 집에 다녀올 수 있는 여비 지급제도만 도입된다면 정말 완벽할 텐데…….

우주인은 여가에 뭘 할까?

국제우주정거장의 승무원들은 대체 무엇을 하며 여가를 보낼까? 우주 산책은 어떨까? 그러나 일주일에 한 번씩 우주를 산책하는 건 아마도 휴식이 아니라 오히려 신경을 지치게 만드는 일이 될 것이다. 미국의 돈 페티Don Pettit 박사는 2003년에 몇 개월 동안 우주정거장의 과학승무원으로 지내면서 여가를 소규모 실험을 진행하는 데 할애했다. 그 실험들은 미국 TV에 〈토요일 아침의 과학나들이Saturday Morning Science〉란 제목으로 중계되었다.

첫눈에는 간단해 보이는 그의 특별한 장기는 물을 이용한 놀이였다. 이 놀이들은 프라이팬의 기름층에 생기는 육각형 무늬를 설명할 중요한 실마리를 제공해 줄 것이다. 무중력 환경에서의 물놀이는 정말 재미있다. 무중력 공간에서는 마음대로 여러 크기의 물방울을 만들 수 있다. 테니스공만 한 큰 물방울을 쉽게 만들어 방 안을 떠다니게 할 수 있다. 우주정거장에서 물의 사용과 관련하여 낭비를 막는 엄격한 규칙만 아니라면 그보다 더 큰 물방울도 만들 수 있다.

우주정거장에 물을 보급하는 데 드는 비용은 무시할 수가 없다. 물 1리터를 우주정거장으로 보내기 위해 미국의 우주왕복선 스페이스셔틀Spaceshuttle을 이용할 경우 30,000유로, 유럽우주기구의 새로운 우주화물선 ATVAutomated Transfer Vehicle를 이용하면 45,000유로를 지불해야 한다. ATV를 이용하는 비용이 그렇게 비싼 것은 이 무인 우주화물선이 스페이스셔틀과 달리 단 한 번만 비행할 수 있기 때문이다. 무인 우주화물선은 우주정거장에 도킹 후, 싣고 간 화물을 내려놓고 몇 달 동안 도킹한 채로 있으면서, 일종의 온실로 이용된다. 그동안 우주정거장의 승무원들은 우주정거장에서 발생하는 부피가 큰 온갖 쓰레기를 그 화물선에 적재한다. 쓰레기가 꽉 차면 화물선은 우주정거장과의 도킹이 해제되고, 이렇게 분리된 화물선은 지구를 몇 바퀴 돌면서 점점 내려오다가 결국 대기권에 돌입하면서 소실된다.

러시아는 이보다 비용이 좀 덜 드는 대안을 이용하는데, 물 1리터를 약 10,000유로의 비용을 들여 우주정거장으로 운반한다. 이에 쓰이는 러시아의 우주화물선 프로그레스Progress는 스페이스셔틀보다 고장 가능성도 훨씬 적다. 아니면 혹시 스페이스셔틀의 폭발 사례에 대해서만 더 투명하게 보도되고 있는 건 아닐까?

프로그레스로 물을 운반하는 비용이면 여기 지상에서는 신형 승용차를 한 대 살 수도 있다. 예를 들어 러시아의 국민차라고 할 수 있는 라다Lada를 살 수 있는데, 단순하지만 입증된 기술로 무장한 라다는 민감한 전자제어 장치를 갖춘 서유럽의 일부 호화 승용차보다 오히려 믿을 만하다고 한다. 여기서 한 가지 더 언급하자면, 미국은 백만 달러를 들여 우주비행사들이 무중력 상태에서 쓸 수 있는 볼펜을 만들었다고 하는데, 러시아는 그런 큰돈을 들이지 않고 문제를 해결했다. 바로 연필을 사용한 것이다.

우주정거장에서 물은 가능한 모든 방법으로 재활용될 만큼 지극히 소중한 자원이다. 피부와 호흡을 통해 주변 공기로 전달되는 수증기는 응축되어 식수 공급 장치로 되돌려 보낸다. 그뿐만이 아니다. 화장실도 물 순환 시스템에 연결되어 있다. 그 과정은 다음과 같다. 화장실에 가고 싶으면 우선 볼일을 보다 말고 몸이 떠오르는 일이 생기지 않도록 일명 '찍찍이'라고 부르는 벨크로를 이용해 몸을 화장실에 고정시킨다. 소변은 성별에 따라 조정할 수 있는 깔때기가 장착된 호스를 통해 직접 흡인된다. 대변도 마찬가지로 흡입장치를 이용하는데, 대장을 통과해 나온 고체 형태의 배설물인 대변도 75%가량의 소중한 물을 함유한다. 이 수분도 분리되고 정화되며, 정갈한 비닐 팩에 담겨 우주정거장 주방 식탁에 오른다. 이 맛있는 음료는 지금까지 우주정거장을 방문했던 여섯 명의 우주 관광객에게도 제공되었다. 2천만 달러를 내고 일주일 동안 국제우주정거장에 머무르면서 자기들이 어떤 음료를 마셨는지 그 사람들은 알고 있을까? 어쨌든 재미있게는 마셨을 것 같다. 물이 들어 있는 비닐 팩을 열고 누르면 그 안에서 나온 물이 풍선처럼 흔들거리며 공간을 떠다니고 그것을 능숙하게 입으로 받아먹으면 된다. 양치질을 할 때에도 재미있는 물놀이가 가능하다. 하지만, 일반적으로 양치질을 하고 입을 헹굴 때처럼 물을 뱉는 것이 아니라 과감하게 꿀꺽 삼켜야 한다.

무중력 공간의 거대한 물방울

어떻게 무중력 공간에서는 그렇게 큰 물방울이 만들어지는 걸까? 그 원인은 소위 말하는 표면장력에 있다. 표면장력은 물과 공기처럼 액체와 기체 등 서로 다른 상태의 물질이 접해 있을 때 그 경계면에 생기는 표면적을 줄이려는 힘을 말한다. 바로 이런 표면장력 때문에 우리는 지상에서 유리컵에 물이 밖으로 넘치지 않게 하면서도 컵의 맨 위까지 물을 채울 수 있다. 옆에서 바라보면 물이 잔의 꼭대기보다 위로 볼록하게 올라와 있는 것을 알 수 있다. 이것은 마치 고무막을 물 위에 씌워놓은 것처럼 보인다.

이 원리를 간단하게 설명하자면 다음과 같다. 물 분자들은 서로서로 잡아당긴다. 물컵 안에 있는 분자인 안톤을 보자. 안톤은 물컵 안에 있는 다른 물 분자 동료들로부터 모든 방향에서 똑같은 힘으로 끌어당겨진다. 따라서 잡아당기는 힘들이 모두 합쳐지면 이 힘들은 서로 간에 상쇄된다. 이와 달리 물 표면에 위치한 안토니아는 옆쪽과 아래쪽에 있는 물 분자들로부터만 잡아당겨질 뿐 위쪽에 있는 공기 분자로부터는 잡아당겨지지 않는다. 따라서 안토니아에 대해서는 물컵 안에서 수직으로 아래쪽으로 잡아당기는 힘, 즉 물의 내부로 힘이 작용한다.

무중력 공간에서도 이 힘이 작용한다. 국제우주정거장에서 비닐 팩을 눌러 1인분의 물을 밖으로 나오게 하면, 이 물은 처음에는 길쭉하고 납작한 물웅덩이 같은 형태를 갖는다. 물 내부에 있는 안톤들에게는 작용하는 힘이 없지만 물 표면에 위치한 안토니아들은 모두 물 내부로 잡아당겨진다. 그러면 어떤 일이 벌어질까? 물의 형태는 어떻게 변할까? 물은 둥근 공 모양으로 변한다. 마치 팽팽한 고무막이 물을 감싸고 있는 것처럼 보인다. 그리고 물은 자기 표면을 최소화하려고 한다. 공 모양은 최소 표면에 최대 부피를 담을 수 있는 가장 이상적인 형태이다.

조금 더 추상적으로 이야기하자면 표면장력은 에너지를 통해서도 설명할 수 있다. 모든 물 분자는 서로 결합된 상태이다. 예를 들면 차량들이 서로 자석으로 연결된 장난감 기차와 마찬가지다. 두 개의 차량(분자)을 서로 분리하기 위해서는 에너지를 사용해야 한다. 그 두 차량이 이후 다시 충분히 가까워지면 자석의 힘 때문에 스스로 상대방을 향해 움직인다. 그리고 둘을 분리하기 위해 사용했던 에너지는 다시 방출되어 차량의 움직임과 이어지는 '찰칵' 소리로 전환된다.

다른 분자와 결합되어 있는 안톤 분자들은 에너지적으로 안정한 상태에 있다. 그러나 표면에 있는 안토니아들은 바깥쪽에 결합되어 있던 분자들이 분리된 상태이다. 따라서 에너지가 높은 상태이므로 불안정하다. 에너지 소모를 최소화하기 위해 물은 가능한 한 표면을 작게 만들려고 한다. 앞에서 언급했던 표면이 넓고 납작한 형태의 물방울이 둥근 공이 되면 수많은 안토니아가 에너지 절약형인 안톤 분자의 상태로 돌아간다. 말하자면 물 분자 집합체는 항상 에너지적으로 가능한 한 안정한 상태로 변하려고 한다. 그 결과, 물의 표면은 마치 눈에 보이지 않는 고무막이 둘러싸고 있는 것과 같은 양상을 보이는 것이다.

여기 지상에서는 표면장력에게 중력이라는 강력한 적수가 존재한다. 그래서 테니스공만 한 물방울은 있을 수가 없다. 물방울의 표면을 덮고 있는 부드러운 막이 당장 찢어질 정도로 강하게, 중력이 그 큰 부피의 물방울을 잡아당긴다. 아주 작은 부피의 경우에만 표면장력이 중력의 힘을 이겨낼 수 있다. 그래서 지상의 물방울은 최대 지름이 몇 밀리미터밖에 되지 않는다. 이와 달리 무중력 공간에서는 커다란 물방울이 형성될 수 있다.

투명 숟가락

돈 페티 박사가 국제우주정거장에 머물면서 일이 없는 토요일에 특히 즐겼던 실험이 하나 있다. 철사를 둥근 고리 모양으로 구부려서 물에 담갔다 빼면 고리 안에 얇은 물막이 생긴 것을 볼 수 있다. 그 막은 표면장력에 의해 터지지 않고 유지된다. 지상에서는 중력 때문에 물막이 곧장 터지고 말 것이다. 하지만, 무중력 상태에서는 놀라울 정도로 튼튼한 막이 형성된다.

나사NASA에서 촬영한 비디오를 보면 페티 박사가 물막의 측면에서 압축공기를 불어 주는 장면이 있다. 그래도 물막은 터지지 않고 복잡한 물결 모양을 보인다. 페티 박사는 이어서 얇은 물막의 흐름이 더 잘 보이도록 알루미늄 조각들을 섞어 주었다. 얼마 후 알루미늄 조각들은 고르게 분포되었고 움직임은 잦아들었다. 작은 손전등으로 물막에 빛을 비추자 이상하게도 빙글빙글 돌아가는 움직임이 시작되었다. 마치 보이지 않는 숟가락으로 물을 젓는 것 같아 보였다.

이것을 어떻게 설명할 수 있을까? 손전등 빛은 물막의 특정한 지점에 따뜻하게 열을 가한다. 온도가 올라가면서 그 지점의 표면장력이 감소한다. 그러면 장력이 더 크고 차가운 그 옆의 표면이 따뜻한 지점을 자기 쪽으로 잡아당긴다. 따뜻한 곳에 생긴 그 틈은 구멍이 뚫리지 않도록 차가운 물로 채워진다. 이렇게 해서 빙글빙글 돌아가는 움직임이 생겨난다.

이제 슈니첼 프라이팬에 생기는 무늬에 대한 설명으로 다시 돌아오자. 앞에서 프라이팬을 불 위에 올리자 대체로 대칭적인 수많은 육각형 모양의 대류 셀convection cell 패턴이 나타난다는 이야기를 했다. 그 패턴의 시작은 다음과 같다.

우연히 어떤 한 지점에서 뜨거운 기름이 프라이팬 바닥으로부터 기름 표면으로 떠밀려 올라간다. 그러면 그 지점의 표면장력이 감소하고, 더 큰 장력을 가진 주변의 차가운 표면은 그 뜨거운 지점을 각각 자기 방향으로 끌어당긴다. 그 대신 분수에서 볼 수 있는 것처럼 아래에 있던 뜨거운 기름이 수직으로 솟아오른다. 그렇게 올라온 기름은 표면에서 흩어지면서 주변 공기와의 접촉을 통해 식는다. 따라서 육각형 패턴 표면의 가장자리는 중앙보다 더 차가운 상태로 남아 있고 흐름을 추진하는 힘으로 계속 강하게 끌어당긴다. 식은 기름은 그 가장자리에서 수직으로 아래로 흘렀다가 다시 가열되면서 회전이 완료된다.

육각형은 한 면적을 그나마 빈틈없이 채울 수 있는, 원과 가장 유사한 최선의 절충 형태이다. 그래서 자연 속에는 대류 셀뿐 아니라 다른 곳에도 이런 모양이 많이 존재한다. 벌집이나 곤충의 눈 또는 수정의 결정구조도 육각형이다.

이런 대류 셀은 해머 효과 에나멜페인트hammer-effect enamel의 경우 특정 용도로 사용된다. 이 페인트는 건조하는 과정에서 특수 용제가 증발하면서 표면에 수많은 작은 대류 셀이 형성된다. 그래서 페인트가 다 마르고 나면 표면이 매끈

한 것이 아니라 망치로 수없이 두드린 것 같이 보인다.

소금쟁이도 물속으로 가라앉는다?

표면장력이 온도의 영향만 받는 것은 아니다. 물속에 있는 특정한 화학물질의 농도도 표면장력에 영향을 미친다. 예를 들어 소금쟁이는 이러한 사실을 몸으로 느낀다. 자세히 관찰해 보면 소금쟁이의 다리는 우리가 부드러운 매트리스를 밟을 때처럼 물의 표면을 약간 아래로 누르고 있는 것을 알 수 있다. 하지만, 소금쟁이가 워낙 가벼워서 표면장력에 의해 물에 떠 있을 수 있다. 그런데 누군가가 주방용 세제를 몇 방울 물에 섞는다면 예사롭지 않은 일이 일어난다. 소금쟁이가 물에 가라앉아 버리는 것이다.

비누와 주방세제, 세탁세제는 계면활성제를 사용해 만든다. 계면활성제는 액체의 표면장력을 현저하게 감소시키는 물질이다. 바로 이 성질이 설거지할 때 필요한 것이다. 표면장력은 물과 공기 사이의 경계에만 존재하는 것이 아니다. 물과 기름처럼 서로 다른 액체 사이의 경계면에도 장력이 존재한다. 표면장력은 두 액체가 섞이는 것을 방해한다. 그래서 그릇에 묻은 기름은 물만 가지고 닦아낼 수가 없다. 세제를 첨가해 주어야 표면장력이 감소해서 물과 기름이 섞인다. 그래야만 접시나 바지, 피부나 머리카락에 붙은 기름때가 씻겨나갈 수 있다.

만약 집에 세제가 떨어졌다면 기름 묻은 그릇의 설거지는 어떻게 해야 할까? 이때는 뜨거운 물로 하면 된다. 물의 온도가 약 50℃가 넘어가면 그때부터 물은 기름과 잘 섞인다. 그래서 그릇의 기름이 깨끗하게 씻겨나간다. 온도가 높아지면 계면활성제와 같은 효과가 나타나서 표면장력이 감소하는 것이다. 당연히 소금쟁이는 뜨거운 물의 표면에도 떠 있을 수 없다. 부디 동물보호 차원에서 이것을 실험을 통해 확인해 보는 일은 없기를 바란다. 굳이 실험이 필요하다면 차라리 단추나 가벼운 동전 혹은 바늘 같은 것을 이용하자. 그런 물체들을 차가운 물의 표면에 조심스럽게 올려놓으면 표면장력에 의해 가라앉지 않고 물에 뜨는 것을 볼 수 있다. 하지만, 뜨거운 물에서는 곧바로 가라앉는다.

좀 더 비싼 실험을 원한다면 다음과 같은 실험도 괜찮다.

TIP

양주잔에 외계인이?

티아 마리아(Tia Maria)는 자메이카산 커피 리큐어다. 이 술을 즐기는 가장 좋은 방법은 두께 약 2mm 정도의 액체 생크림을 얹어 마시는 것이다. 액체 생크림을 넣을 때는 리큐어와 섞이지 않도록 숟가락을 이용해 조심스럽게 얹어 준다. 준비가 되었다면 마시지 말고 잠깐 기다리면서 리큐어 잔을 관찰해 보자. 2분 정도 시간이 지나면 갑자기 하얀 생크림 사이로 이곳저곳에 갈색 리큐어가 보이기 시작하면서 소용돌이 같은 것이 표면을 뒤집어놓는다. 그리고 생크림 층의 두께에 따라 상이한 형태의 격실(cell) 무늬가 생겨난다. 일부는 마치 외계에서 온 벌레같이 보인다.

이 실험의 메커니즘은 앞서 나온 프라이팬 기름에서 보이는 것과 유사하다. 티아 마리아를 이루는 주성분은 알코올이다. 리큐어에 생크림을 얹으면 알코올은 곧바로 생크림에 침투하기 시작하고 어떤 지점에서 표면에 도달하면 그곳의 표면장력을 감소시킨다. 표면장력이 더 높은 그 주변 영역은 리큐어를 각자 자기 쪽으로 끌어당기고, 이에 따라 아래로부터 더 짙은 농도의 리큐어가 자꾸 위로 올라온다. 알코올은 공기와 닿는 표면에서 빠르게 증발하므로 농도의 차이가 비교적 오랫동안 유지된다. 이러한 과정은 리큐어와 액체 생크림, 이 두 액체가 잘 섞이면 끝난다. 이 실험에는 물론 모든 종류의 리큐어를 사용할 수 있다. 그래도 맛을 생각한다면 티아 마리아나 최소한 그와 비슷한 깔루아를 사용하는 것이 좋겠다.

이탈리안 바에서-슬러시가 보여 주는 놀라운 무늬

'이탈리안 바' 하면 떠오르는 고전적인 장면 중 하나는 버터크루아상과 에스프레소 한 잔을 앞에 두고 진지한 눈빛으로 신문을 읽는 남자들이다. 이 그림에 빠질 수 없는 것이 증기기관차만큼이나 큰 에스프레소 기계이다. 그 옆에는 언제나 실린더 모양의 투명한 통이 있고, 통 안에는 청록색의 액체가 돌고 있다. 이것이 바로 그라니타granita다. 천연색소와 향료로 색과 향을 낸 물과 많은 양의 설탕으로 만든 이 차가운 디저트는 영어권에서는 '슬러시'라는 이름으로 알려져 있다. 이 음료는 냉각된 상태에서 비교적 느린 속도로 돌아가는 전동 스크루에 의해 계속 회전운동을 한다. 이를 통해 작은 얼음 알갱이들이 가득하고 걸쭉한 액체가 형성된다. 그다음 남은 일은 맛있게 먹는 것뿐이다.

슬러시 기계의 구조를 약간만 바꾸면 신기한 물리적 현상을 눈으로 볼 수 있다. 통 내부에 스크루 대신 원래 슬러시 통보다 지름이 약간 작은 또 다른 실린더를 넣어서 액체가 두 개의 실린더 사이 공간에 들어가도록 한다. 기계를 작동해서 안에 있는 실린더가 회전하기 시작하면 우리는 놀라운 유체의 흐름 패턴을 관찰할 수 있다.

아주 천천히 회전할 때에는 별로 색다른 변화가 일어나지 않는다. 유체가 용기의 벽에 '달라붙기' 때문에 유체는 내부 실린더와 함께 돌아간다. 두 실린더 사이 공간에서 바깥 실린더 쪽으로 갈수록 흐름속도는 더 느려진다. 그래서 바깥 실린더의 내벽에 인접한 유체는 거의 움직이지 않고 서 있다. 하지만, 내부 실린더를 좀 더 빠른 속도로 회전시키면 놀라운 광경이 펼쳐진다. 일단 처음에는 롤러 모양이 나타난다. 아마 직관적으로 수직 롤러들을 예상할 것이다. 마치 볼 베어링(정확히 말하면 롤러 베어링)처럼 함께 돌아가는, 가늘게 원통 모양으로 말린 웨이퍼를 수없이 두 실린더 사이 공간에 수직으로 세워둔 것 같은 모양이 나타나리라고 예상할 수 있다. 하지만, 우리가 실제로 관찰할 수 있는 것은 수평 롤러이다. 끝부분이 서로 마주 보며 휘어져서 맞물린 채 회전하는, 바람 들어간 자전거 바퀴처럼 생긴 가로로 누운 롤러이다. 슬러시 기계의 두 실린더 사이에서 가로로 차곡차곡 쌓인 도넛들이 각각 반대 방향으로 회전한다.

그러나 이것은 시작에 불과하다. 내부 실린더의 회전속도를 좀 더 높이면 유체의 흐름 패턴이 갑자기 나선 모양으로 바뀐다. 마치 케이블 드럼에 감아서 끝부분을 집어 잘라놓은, 그리고 그 절단면이 계속 한 방향으로 회전하는 고무관같이 생겼다. 속도를 조금 더 높이면 흐름이 더 화려해진다. 그 모양이 마치 꼬아놓은 실 같다. 물레로 비비 꼬아서 엮은 것과 같은 가는 실 모양의 수많은 관들이 돌아가는 모양이다. 그러나 개조한 슬러시 기계로는 얼음 알갱이들이 너무 크기 때문에 이렇게까지 섬세한 무늬를 만들어내기는 어렵다.

실험실에서 사용하는 장치도 이러한 슬러시 기계와 구조가 동일하다. 그것은 이중 실린더 형태이며, 내부 실린더는 정확한 조종이 가능한 전기모터에 의해 작동된다. 두 실린더 사이 공간에 청록색 슬러시 대신 아주 작은 알루미늄 조각들이 섞인 투명한 기름을 넣는다. 작은 알루미늄 스팽글을 넣어 주는 것은 흐름의 미세한 변화도 잘 볼 수 있기 위해서다. 또한 회전하는 내부 실린더가 불규칙하게 돌아가지 않도록 중심을 맞추어 정확하게 중앙에 설치하는 것도 중요하다. 개조한 슬러시 기계에서와 같은 복잡한 유체 패턴을 만들기 위해 더 이상 필요한 준비물은 없다. 복잡한 유체 패턴은 유체역학적인 불안정성에 의해 나타나는데, 이 불안정성은 어떤 흐름이 혼란스럽게 소용돌이치는 난류로 넘어가기 이전에 항상 나타난다. 유체 패턴이 꼬아놓은 실 모양이 된 상태에서 회전속도를 조금만 더 높이면 완전한 혼돈이 일어난다. 매혹적인 패턴은 부서지고 유체는 격렬하게 소용돌이치며 회전한다.

유체역학적 불안정성이 알려진 지는 이미 꽤 되었지만 패턴의 생성과 관련해서 확실히 밝혀진 것은 아직 일부분이다. 첫 번째 불안정성의 생성, 즉 돌아가는 자전거 타이어 패턴의 생성은 어느 정도 분명하게 이해할 수 있다. 내부 실린더의 회전속도가 증가하면서 유체 내에 점점 더 강한 원심력이 형성된다. 가장 빠르게 회전하는 유체 영역은 회전목마를 타고 있는 아이처럼 원심력에 의해 바깥쪽으로 쏠리게 되는 것이다. 실린더의 어느 부분에선가는 이 원심력이 우연히도 그 바로 아래와 위에 있는 유체층보다 더 커지는 경우가 생긴다. 이런 통계적 이상치outlier가 돌파력을 갖게 되면 그 적은 양의 유체(안토니아)는 바깥벽까지 탈출하는 데 성공한다. 그때까지 정확히 바깥벽의 그 자리에서 유유히 햇볕을 즐기고 있던 안톤은 안토니아에 의해 자리에서 밀려나게 된다. 왜냐하면 액체는 압축이 거의 안 되기 때문이다. 자리를 양보할 수밖에 없는 안톤은 위쪽이나 아래쪽으로 비켰다가 안토니아가 원래 있던 곳, 즉 내부 실린더 쪽으로 옮겨간다. 이것이 바로 롤러 모양 소용돌이, 우리가 슬러시 기계에서 보았던 가로로 누운 자전거 타이어 모양의 핵심이다. 이어서 그 타이어와 바로 이웃한 아래와 위에 반대 방향으로 회전하는 똑같은 타이어들이 생길 것은 자명한 일이다. 원심력의 작용에 의해 통계적 이상치 하나로부터 시작되어 최단시간 내에 두 실린더 사이 공간에 가로로 누운 도넛 형태의 롤러들이 완벽하게 고른 크기로 형성된다.

이후 나타나는 패턴들, 무엇보다도 꼬아놓은 실 모양 패턴에 대해서는 유감스럽게도 더 이상 일목요연한 설명이 불가능하다. 그 배후가 되는 수학적 방정식들은 상당히 복잡하고, 예상되는 배열들을 산정하는 것은 여전히 극복하기 어려운 큰 도전이다. 지난 수년 동안 세계의 몇몇 연구 집단이 이 구조들을 계산할 수 있는 적절한 컴퓨터 계산 모델을 개발하기 위해 집중적인 연구를 진행해왔다. 그럼에도 어떤 회전속도에서 각각의 패턴들이 나타나는지 여전히 정확하게 계산하지 못하고 있다.

이 문제에 대한 관심은 대단히 크다. 이 구조들이 비행기와 선박 주위의 공기와 물의 흐름에서뿐 아니라 열교환기와 같은 기술적 적용 또는 인공폐와 같은 의학적 적용에도 중요한 역할을 하기 때문이다. 유체역학의 세부 사항들을 정확하게 이해함으로써 방금 언급한 기기들의 효율성도 확실하게 증가시킬 수 있다. 그래서 사람들은 앞으로 몇 년 안에 여객기의 연료 소비를 대폭 절감할 것으로 기대하고 있다.

지금까지 유체역학과 관련하여 몇 가지 추상적인 생각들을 다루어 보았다. 이제 다시 이탈리안 바로 돌아와서 신문을 읽고 있는 남자들뿐 아니라 모두가 재미있어할 만한 작은 실험을 하나 해 보자. 실험에 필요한 재료는 현장인 바 안에 모두 준비되어 있다.

TIP

긴 음료수 잔 안을 떠다니는 레몬 조각

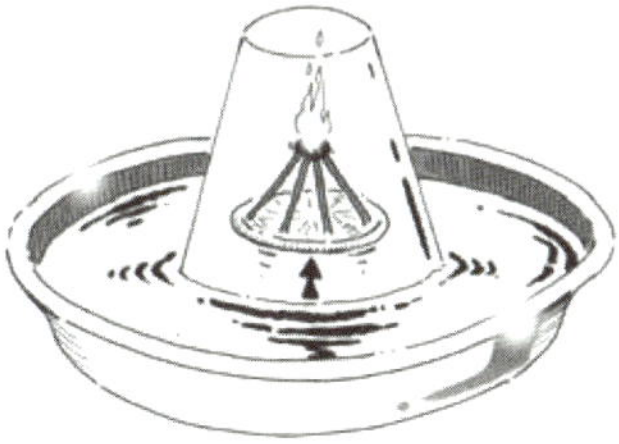

먼저 디저트 접시나 수프 접시에 물을 채운다. 그리고 얇게 자른 레몬 조각에 성냥개비 세 개나 네 개를 인디언 텐트 모양으로 꽂는다. 이때 성냥개비의 머리 부분이 텐트 지붕에서 서로 만나도록 한다. 이제 물을 채운 접시에 레몬 조각을 넣고 다른 성냥개비로 물에 떠 있는 인디언 텐트에 불을 붙인다. 그리고 성냥불이 활활 타오르는 즉시 높고 날씬한 음료수 잔을 그 위에 거꾸로 씌워 접시 바닥에 내려놓는다. 그럼 무슨 일이 일어날까?
잠시 후 산소가 없어지면서 불이 꺼진다. 그리고 그다음엔? 마치 마술사의 손이 작용이라도 한 듯 유리잔 안에 있는 물의 높이가 올라가고, 이상적인 경우 레몬 조각도 함께 몇 센티미터 위로 상승한다.

이 간단한 실험은 물리학자들 사이에서도 항상 논란의 대상이 되어왔다. 일단 여전히 교과서와 실험 안내서에 소개될 정도로 확실해 보이지만 좀 성급하게 표현된 설명은 연소로 인해 유리잔 안의 산소가 모두 소모되었다는 것이다. 공기는 5분의 1이 산소로 이루어져 있다. 따라서 유리잔에 갇혀 있는 공기의 부피가 소모된 산소의 양인 5분의 1만큼 줄어든다. 유리잔 안의 압력은 잔 바깥의 기압에 비해 낮아지고, 이 때문에 부족한 부피가 상쇄되고 다시 압력이 균형을 이룰 때까지 잔 안에 있는 물의 높이는 올라가게 된다는 것이다.

하지만, 좀 더 자세하게 살펴보면 방금 전 논리에서 몇 가지 모순을 발견할 수 있다. 연소가 일어날 때 산소가 소모되기는 하나, 이와 동시에 '폐가스'로 이산화탄소가 발생한다.

게다가 성냥으로 만든 피라미드는 산소가 완전히 소모되기 훨씬 전에 소실한다. 결국 산소 연소 때문에 일어나는 유리잔 안의 부피 변화는 아주 미미한 수준이다. 따라서 물의 높이가 몇 센티미터씩 상승하는 것에 대한 이유가 될 수 없다.

진짜 이유는 오히려 간단하다. 거꾸로 세운 잔이 불타는 피라미드에 다가가는 동안 잔 안의 공기는 불꽃에 의해 가열된다. 따뜻한 공기는 강하게 팽창하고, 그중 일부는 유리잔 밖으로 밀려 나간다. 그런 다음에야 유리잔 가장자리가 물속으로 들어가 바닥에 놓이면서 내부 공기를 차단한다. 잠시 후 불꽃은 산소 부족으로 꺼지고, 곧바로 잔에 갇힌 공기는 차가운 수면과의 직접 접촉을 통해 식기 시작한다. 앞에 소개되었던 설명의 나머지는 맞다. 공기는 식으면서 레몬 조각이 떠오르기에 충분한 압력차가 형성될 정도로 강하게 수축한다.

진짜 '크레마'가 살아 있는 에스프레소

이탈리안 바에서 사용하던 첨단 에스프레소 기계가 고장이 나면 주인은 어떡해야 할까? '에스프레소는 안 됩니다!'라고 써 붙이고 들어오는 주문을 거절해야 할까? 그럴 수는 없다. 그러니 옛날에 사용하던 알루미늄 에스프레소 포트를 꺼내올 수밖에. 에스프레소 포트의 사용법은 아주 간단하다. 먼저 포트의 아래위를 분리한 후, 아래의 보일러 탱크에 최대 안전밸브 있는 곳까지 물을 채우고, 깔때기 모양의 바스켓 필터를 끼운 후 커피가루를 채운다. 이제 포트 윗부분, 즉 커피가 올라오는 컨테이너를 끼우고 불 위에 올려놓는다. 몇 분이 지나지 않아 포트는 황홀한 커피 향을 뿜어내기 시작하고, 전형적인 쉭쉭 소리가 들리면 위에 있는 컨테이너에 커피가 가득 찬 것이다.

대체 어떤 작동기제로 커피가 완성된 것일까? 가장 먼저 포트 아랫부분인 보일러 탱크에 들어 있는 물이 가열되다가 끓기 시작한다. 수면 위로 올라온 증기방울들이 바깥으로 나가고 싶어 하지만 아래 보일러 탱크와 위의 컨테이너가 연결된 나선 부분에 있는 고무패킹 때문에 안에 갇혀 있을 수밖에 없다. 이 때문에 증기층은 그 아래에 있는 물을 점점 더 강하게 내리누른다. 이로 인해 보일러 탱크 안의 압력은 점점 더 증가하고 결국 그 힘에 의해 끓는 물이 커피가 들어 있는 깔때기를 통해 위로 올라가게 된다. 뜨거운 물은 곱게 분쇄한 커피가루를 통과하면서 그 향을 취하고 그런 다음 추출 기둥을 통해 포트 윗부분 컨테이너의 뚜껑 바로 위까지 올라가야 한다. 그러는 동안 보일러 탱크에 있는 물의 양은 마침내 커피가루가 들어 있는 깔때기 모양의 바스켓 필터 아랫부분에 도달해서 참을성 없는 수증기에게 위로 올라갈 길을 터줄 때까지 줄어든다. 그렇게 자유로워진 수증기는 쉭쉭 소리로 그 고마움을 표현한다.

에스프레소 포트의 작동 방식은 간단한 동시에 세련되었

제기랄! 캡슐 커피머신으로
바꾸든가 해야지…….
피융~
푸푸~
피식~

다. 한 가지 단점이라고 하면, 이 기계의 압력이 최대 1.5bar까지 올라간다는 것이다. 혹시라도 여과기가 막혀 있어서 내부에 더 높은 압력이 발생하면 옆쪽에 있는 안전밸브가 열린다. 하지만, 뜨거운 물이 커피가루를 통과하도록 물을 밀어주는 압력은 에스프레소의 질을 결정하는 본질적인 요소이다. 그 압력이 6bar 이상이 되어야 커피 표면에 생기는 밝은 갈색의 고운 거품인 전형적인 '크레마'가 형성된다. 그렇기 때문에 에스프레소 포트로 만든 커피는 사실 엄격히 따지면 '모카'라고 불러야 한다.

그렇다면 이제 진정한 에스프레소는 여기저기서 흔히 찾아볼 수 있고, 부엌 조리대 공간의 절반을 차지하며, 디자인이 좀 세련된 경우 약간 오래된 중고 자동차만큼이나 비싼 전자동 에스프레소 기계가 있어야만 맛볼 수 있는 건가? 몇 단계에 걸친 자동 세척 프로그램에도 불구하고 추출 챔버에 곰팡이가 피는 것도, 우유 거품기의 흡입관 안에서 우유가 부패하는 것도 막기 어려운 기계들로만 풍부한 크레마가 있는 에스프레소를 즐길 수 있단 말인가? 만약 여전히 간단하고 세련된 에스프레소 포트를 옹호하는 사람이라면, 그렇지만 '크레마'를 포기할 수 없는 사람이라면 여기에 한 가지 해결방법이 있다.

원리는 같다. 단지 포트를 만드는 재질에 알루미늄 대신 고품질의 합금강을 사용한다. 그러면 알츠하이머 발병 위험도 낮출 수 있다. 그리고 위쪽 추출 기둥에 추가 밸브를 설치한다. 이 밸브는 커피가 마법의 압력 크기인 6bar에 도달하면 열린다. 그러면 커피가 모두 한꺼번에 위의 컨테이너로 힘차게 치솟고 그 표면에 풍부한 크레마를 볼 수 있다. 이 놀라운 포트로 만든 커피는 그 질에 있어서 값비싼 자동 에스프레소 기계로 만든 커피와 구분이 가지 않을 정도이다.

제4장

트레킹하며 배우는 과학 원리

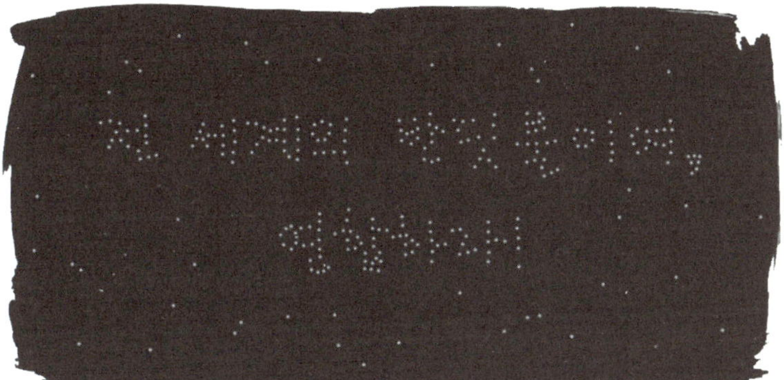

혼돈 속에 질서가 있을까? – 테네시의 반짝이는 반딧불이

집에서 트레킹 배낭을 아무리 꼼꼼히 차곡차곡 쌌더라도 늦어도 3일 후면 질서라고는 찾아볼 수 없이 배낭 안이 뒤죽박죽된 경험이 누구나 있을 것이다. 먹다 남은 주스 병은 돌려서 여닫는 뚜껑이 완전히 닫히지 않은 채 거꾸로 처박혀서 (생리적 욕구를 해소한 뒤에 꼭 필요한) 휴지를 못 쓰게 만들고, 뮤즐리바 부스러기는 온통 니트 스웨터에 엉겨 붙어 있다. 이렇듯 힘들게 만들어놓은 질서는 계속 유지될 수 없다. 혼돈이 무자비하게 치고 들어오기 때문이다. 그러나 정확하게 그 반대도 있다. 다시 말해 혼돈에서 아주 즉흥적으로 질서가 형성되는 경우도 있다!

예를 들어 미국 테네시 주 그레이트스모키 산맥Great Smoky Mountains 국립공원에서 이런 모습을 관찰할 수 있다. 매년 수천 명에 달하는 관광객이 멋진 자연경관 속에서 흑곰과 흰 꼬리 사슴 그리고 서른 종류가 넘는 다양한 도롱뇽을 보기 위해 이 국립공원을 찾는다. 그런데 날씨가 온화한 6월의 밤에는 그곳에서 아주 특별한 광경이 펼쳐진다. 바로 반짝이는 반딧불이의 교미 쇼이다. 아시아종인 수십만 마리의 수컷 반딧불이가 한 나무에 내려앉아서 밤이 되어 캄캄해지면 빛을 내기 시작한다. 처음에는 완전히 혼돈뿐이다. 수컷 반딧불이들은 각자 개별적으로 불빛을 내고, 거기에 어떤 구조나 질서 같은

자, 형제자매 여러분, 그럼 이제 부터 모두 리듬을 맞춰서!
누가 우리를 봤어야 하는데!

것은 전혀 없다. 하지만, 시간이 조금 지나면 놀라운 변화가 나타난다. 서로 공통의 리듬을 찾은 반딧불이들이 완벽하게 동시에 반짝거리고, 거의 최면을 일으킬 것 같은 자연의 레이저 쇼를 만들어낸다.

지휘자는 누구?

반딧불이가 이렇게 동시에 명멸을 반복하는 현상을 조사하다 보니 다음과 같은 궁금증이 일었다. 대체 누가 이 모든 것을 조종하는 것일까? 누가 박자를 맞춰주는 것일까? 그런데 연구 결과 반딧불이는 지휘자가 전혀 필요하지 않다는 사실이 밝혀졌다. 외부로부터의 조종 없이, 또한 어떤 위계구조도 없이 수십만 마리의 개체들이 집단적 리듬에 따라 조직화하는 것이다.

이런 자기조직화가 어떻게 작동하는지는 조금 단순화하여 다음과 같이 상상해 볼 수 있다. 먼저 모든 반딧불이가 개별적으로 그리고 완전히 혼란스럽게 점멸한다. 그런데 나무 어딘가에 우연히 동시에 같은 리듬으로 점멸하는 반딧불이 두 마리가 나란히 앉아 있다. 따라서 이 둘은 개별적인 주기로 반짝거리는 주변의 다른 모든 반딧불이보다 더 강력하다. 결국 주변에 있던 다른 반딧불이들도 차례로 그 둘에게 발광 주기를 맞추기 시작한다.

이렇게 해서 혼돈의 한가운데에 규칙성을 가진 하나의 섬이 생겨난다. 그리고 점점 더 많은 반딧불이가 그 리듬에 맞추어가기 때문에 그 규칙성의 섬은 차츰 넓어진다. 심지어 같은 나무의 다른 가지에 두 번째 규칙의 섬이 형성되어 첫 번째 섬과 다른 박자로 점멸할 수도 있다. 그러면 리듬 간에 경쟁이 일어난다. 그러다가 결국에는 한 리듬이 관철되어 그 리듬이 나무 전체를 지배하게 될 것이다. 그리고 비교적 짧은 시간 후에 마침내 수십만 마리의 반딧불이가 동시에 완벽하게 일정한 주기로 함께 발광하게 된다.

이런 멋진 구경거리는 무엇 때문에 생겨난 것일까? 동물의 세계뿐 아니라 인간 세계에서도 이성을 유혹하기 위해 온갖 노력을 아끼지 않는다. 마찬가지로 반딧불이의 동시 발광 역시 이성을 유혹하기 위한 것이다. 암컷 반딧불이들은 숲 위 높은 곳을 날아다닌다. 개별적으로 깜빡거리는 불분명한 불빛은 높이 날고 있는 암컷으로 하여금 다가가고 싶은 생각이 들 만큼 매력적이지 않다. 반대로 동시에 같은 주기로 깜빡이는 수많은 수컷들의 아름다운 크리스마스트리 같은 불빛은 암컷을 매혹한다. 그래서 암컷들은 그 불빛을 좇아 숲 아래로 내려간다. 그리고…….

사람들은 비로소 몇 년 전에야 이런 형태의 자기조직화를 수학적 모델들을 통해서 '재연'하는 데 성공했다. 그러면서 외부로부터의 어떤 조종, 혹은 시스템 내에서 먼 거리를 뛰어

넘는 어떤 작용이나 커뮤니케이션 같은 것이 필요하지 않을 것이라는 추측이 확인되었다. 즉 한 개체가 바로 옆에 있는 이웃 개체들에게만 적응할 수 있으면 충분하다. 그러면 질서는 놀라울 정도로 빠르게 전체 시스템으로 확산된다.

모래 해변의 무릎 높이 물에서 종종 볼 수 있는 물고기 떼들도 같은 원리에 따라 무리를 형성한다. 진화가 진행되면서 드러난 사실은 이 작은 물고기들이 먹이를 사냥할 때 정해진 자기 영역을 일정한 간격으로 무리를 지어 샅샅이 뒤져야 더 좋은 성과를 낼 수 있다는 것이다. 물고기들이 그런 무리를 형성하는 데 더 높은 상급자의 지시나 명령이 필요한 것은 아니다. 각자가 자기 책임하에 이웃한 물고기들과 최적의 간격을 유지할 뿐이다. 하지만, 결국 모든 물고기가 완벽한 질서 속에서 헤엄친다. 정말 놀라운 것은 어느 방향으로 헤엄칠 것인가 하는 항로를 선택하고 결정을 내리는 개체도 따로 있는 것이 아니라는 점이다. 한마디로 이 무리에 '지도자'는 없다. 물고기 무리는 집단적으로 방향에 대한 결정을 내리고 갑자기 나타나는 장애물이나 위험요소에 대해서도 번개같이 반응할 수 있다. 그런 물고기 무리를 의식적으로 방해하면 모든 물고기가 각자 자기만의 도주로를 찾는 짧은 개별화 시기가 나타난다. 그렇지만 이 집단은 몇 초 내에 다시 질서 정연한 대열을 찾는다.

개미는 '무리지능swarm intelligence'의 형성에 관한 또 다른 전형적인 사례이다. 개미들이 먹이를 운반하고 집을 지을 때 보이는 뛰어난 협동 역시 중앙에서 이를 지휘하는 사령관 없이 이루어진다. 개미 집단에는 명령이 전달되는 위계구조가 없다. 지도자라고 생각되는 여왕개미는 오로지 알을 낳는 기능만 할 뿐이다.

수천 마리 구성원을 갖는 개미 집단은 단지 개별 개미들 간에 이루어지는 간단한 상호작용에 의해 운영된다. 개미는 몸에서 분비하는 화학물질(페로몬)의 냄새를 이용해 서로 소통한다. 먹이를 발견한 개미는 먹이가 있는 곳으로 갈 때 사용한 길을 따라 보금자리로 되돌아온다. 그러면서 이중으로 냄새 흔적을 남기면, 다른 개미들은 이 이중의 흔적을 따라 이동한다. 운반할 먹이가 너무 크면 그 냄새 흔적을 따라갔던 개미들도 같은 길을 통해 되돌아오면서 냄새 흔적을 더 강화하고, 곧이어 전체 집단이 일렬로 먹이를 향해 행진한다. 이것은 단일 개미의 결정이 아니라 집단의 결정인 것이다.

이런 무리지능을 인간에게서도 관찰할 수 있을까? 첫눈에 보기에 인간 집단들은 항상 동일한 원리에 따라 운영되는 것 같다. 국가와 군대뿐 아니라 단체, 가족, 교육기관과 기업 등 모두가 엄격한 위계구조를 가지고 있다. 중앙본부가 지시를 내리고, 그 지시는 위계질서에 따라 한 단계씩 아래로 전달된다. 물고기들은 아마 이렇게 느리고, 인력과 비용 집약적인 체계를 보고 비웃지 않을까? 개미들도 그런 식의 철저한 위계질서에는 전혀 관심이 없을 것이다.

인간에게도 집단지능이?

인간이 집단지능을 발휘하는 것을 보여 주는 사례들도 물론 있다. 수백만 명이 인터넷을 통해 서로 결합되어서 동등한 권한을 가지고 상호작용할 수 있으면 인간도 집단지능을 발휘하는 것이 가능하다. 몇 년 전만 하더라도 전 세계 누구나 내용을 보완, 편집하고 삭제할 수 있는 백과사전의 아이디어 실현에 대해 대부분 부정적인 반응을 보였을 것이다. 아마도 그런 인터넷 사전이 만들어진다고 해도 그 안엔 신뢰할 수 없는 내용의 난센스만 가득하리라고 예상했을 것이다. 그러나 인터넷 백과사전 위키피디아는 정확히 그 반대임을 입증했다. 몇 년 지나지 않아 위키피디아는 기존의 백과사전들이 차츰차츰 시장에서 밀려날 만큼 질 높고, 새로운 정보도 신속하게 업데이트되는 방대한 사전으로 발전하였다. 첫눈에 보기에는 수많은 개체들이 혼란스럽게 작용하는 것 같지만, 이로부터 전혀 위계적 통제 없이 신뢰할 만한 양질의 정보구조가 생겨난 것이다.

유감스럽지만 트레킹 배낭 속에는 자기조직화 현상이 아직 적용되지 않는다. 책상 위와 욕실 장, 아이들 방이 그런 것처럼 배낭 속도 항상 손을 움직이는 수고를 해야 필요한 질서가 형성된다. 그렇지만 인간은 어쩌면 집단지능의 새로운 가능성들을 이용해 결국 이 어려운 문제에 대해서도 편리한 해결책을 찾게 될지도 모른다.

충성스러운 부메랑

부메랑이 하나 있었지.
그런데 다른 부메랑보다 조금 길었어.
부메랑은 날아갔고
결국 다시 돌아오지 않았어.
관중들은 –몇 시간씩–
부메랑이 돌아오길 기다렸어.

[12] 요아힘 링엘나츠의 시 중에서

부메랑은 호주 원주민들이 새나 작은 짐승의 사냥, 혹은 전투나 놀이 등에 사용하던 투척기구이다. 그런데 호주의 원주민들만 나무 부메랑의 이상한 비행 특성에 몰두했던 것은 아니다. 전 세계 여러 지역에서 부메랑처럼 생긴 도구가 발견되었다. 그중 대부분은 던진 사람에게 다시 되돌아오지 않는 사냥용 부메랑이다. 하지만, 사냥용 부메랑도 그 특유의 모양으로 공기역학을 십분 이용해 100미터 앞이나 그 이상의 거리에 있는 목표물을 정확하게 명중시킬 수 있다. 사냥용 부메랑뿐만 아니라 던진 사람에게 돌아오는 부메랑 모델들도 항상 존재해왔다. 아마도 그런 종류의 부메랑들은 일찍부터 훈련

12) Joachim Ringelnatz(1883~1934). 독일식 유머의 대가로 칭송되는 독일 작가

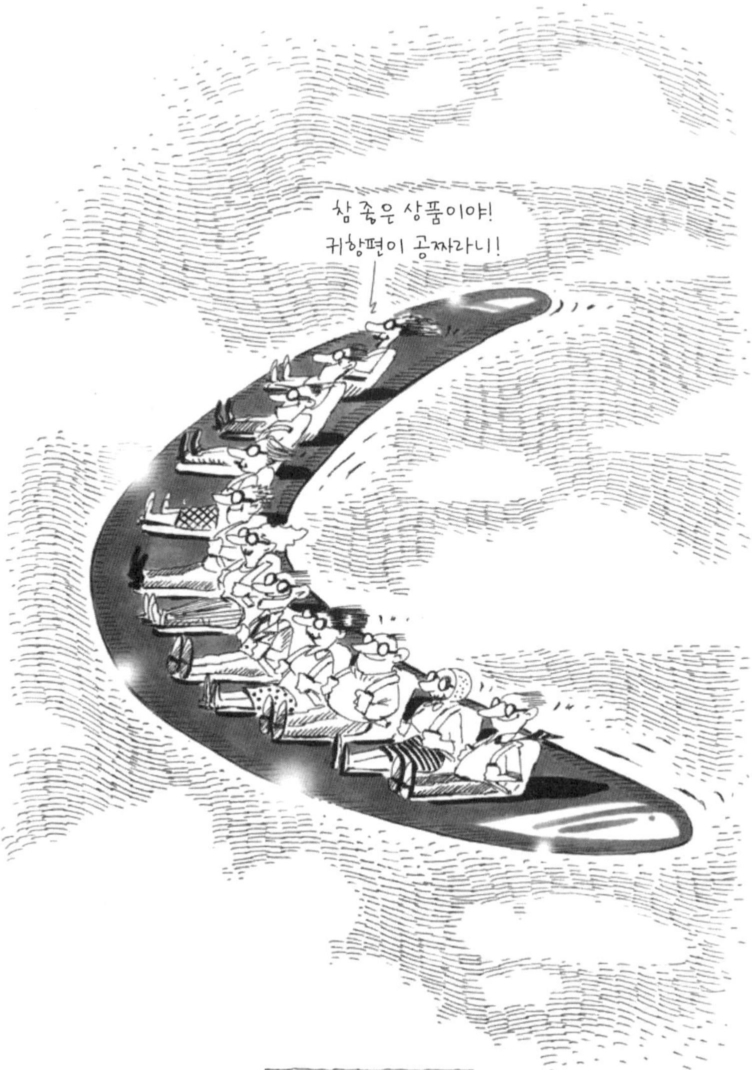

부메랑 에어라인즈

이나 새들을 쫓는 목적으로, 또는 그저 시간을 때우는 용도로 사용되었을 것이다.

단순해 보이면서도 최적의 경우 충실하게 주인에게 돌아오기까지 하는 이 비행물체의 매력을 거부할 수 있는 사람은 거의 없다. 이 비행물체가 전형적인 우아한 궤도를 그린 뒤 다시 돌아오도록 하기 위해서는 몇 가지 물리적 메커니즘이 작용해야 한다. 그럼 지금부터 손쉽게 만들 수 있는 부메랑을 통해 우리의 고찰을 시작해 보자.

TIP

종이 상자로 만드는 간단한 부메랑

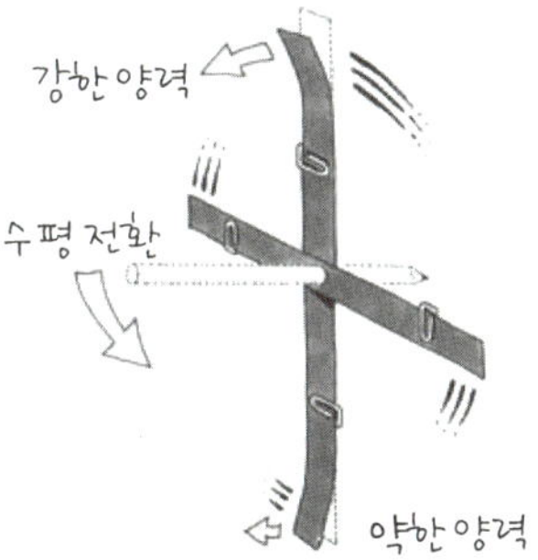

얇은 종이 상자를 잘라서 폭이 2센티미터, 길이가 20~25센티미터인 길쭉한 띠를 두 개 만든다. 이때 종이는 너무 뻣뻣하지 않고 어느 정도 탄성이 있어야 한다. 명함 종이 정도의 강도가 가장 좋다. 두 개의 종이띠로 커다란 십자 모양을 만들어서 클립을 끼워 연결한다. 그다음 네 날개 끝부분을 가볍게 구부린다. 이것으로 부메랑이 완성되었다.

여기서 중요한 것은 물론 능숙한 투척 기술이다. 오른손잡이는 부메랑을 엄지와 검지로 잡고 이때 구부린 끝부분이 왼쪽을 향하도록 한다. (왼손잡이는 오른손잡이의 경우와 비교해 좌우를 거꾸로 하면 된다.) 부메랑은 원반처럼 가로로 던지는 것이 아니라 세로로 또는 약간 오른쪽으로 비스듬하게 눕혀서 던진다. 던지기 전 팔을 뒤로 젖힐 때에는 부메랑이 항상 어깨 옆쪽이 아니라 위쪽으로 오도록 한다. 그리고 가파르게 위쪽을 향해 던지지 말고 바닥과 거의 평행이 되도록 던진다. 너무 낮게 던지면 돌아오기 전에 바닥에 닿게 된다. 그렇다고 너무 높이 던지면 안정적인 비행을 하지 못하고 바닥으로 떨어질 것이다. 또한 부메랑이 손을 떠나기 전에 손목의 스냅을 이용해서 부메랑이 날아갈 때 필요한 각운동량을 부여한다.

손쉽게 만든 이 부메랑이 몇 번의 연습만으로도 지름 2내지 3미터에 이르는 우아한 원을 그리는 것을 보게 될 것이다.

여담이지만 이 간단한 구조의 부메랑은 새로운 관계를 만드는 데에도 아주 도움이 된다. 예를 들어 유럽미술사 공부를 위해 단체 여행으로 성당과 교회 관람 프로그램에 참여한다고 하자. 상황을 잘 살펴서 같은 여행객 중에 관심 가는 사람의 바로 오른쪽에 자리를 잡고 앞쪽으로는 3미터가량 부메랑을 날릴 공간을 확보한다. 그리고 적절한 순간에 가방에서 종이 부메랑을 꺼내 앞쪽으로 똑바로 날린다. 함께 있던 사람들이 모두 놀란 눈으로 쳐다보는 동안 (특히 놀랄 사람은 가이드이겠지만) 종이 부메랑은 우아한 곡선을 그리며 날아 돌아와 바로 옆에 있던 사람의 가슴 부분을 정확하게 맞힐 것이다. 만약 당신이 남자이고 당신 맘에 들었던 그 사람이 여자라면, 그리고 혹시 여자가 가슴이 좀 깊이 파인 옷을 입고 있었다면 부메랑은 아마도 정확하고 부드럽게 여자의 가슴골에 착륙할지도 모른다. 설사 그렇더라도 여자의 가슴에 앉은 부메랑을 직접 집어 올리는 무모한 시도는 부디 하지 않기를 바란다.

훨씬 더 세련된 방법은 부메랑을 곧바로 선물로 건네는 것이다. 그리고 그 놀라운 물건 뒤에 숨은 물리학의 비밀에 관해서 대화를 시도하는 것도 잊지 말아야 할 것이다. 이 방법을 사용할 당신을 위해 여기서 바로 그 비밀이 무엇인지 밝혀보자.

십자형 종이 부메랑은 왜 커브를 돌까?

설명을 하기 위한 첫 단계로, 먼저 오른손으로 정확하게 십자 부메랑의 중심을 잡고 똑바로 세워 앞을 향해 든다. 이때 구부린 날개 끝이 본인을 향하도록 한다. 왼손은 '주행풍'의 효과를 시뮬레이션하는 역할을 하는데, 수직으로 위쪽을 보고 있는 종이띠를 옆에서 왼손으로 부드럽게 눌러준다. 그러면 종이띠는 옆으로 비켜나면서 오른쪽 어깨 방향으로 기운다. 그리고 회전날개와 같이 약간 비틀린 모양을 보인다. 이와 마찬가지로 부메랑이 날아가고 있는 상태에서는 네 날개에 동시에 똑같은 일이 일어난다. 부메랑이 공기저항에 의해 비행기 프로펠러와 같은 모양을 갖게 되면서 왼쪽으로 수평 양력을 생성한다(151쪽 그림 참조).

이 양력은 부메랑의 회전이 빠를수록 더 커진다. 이해를 돕기 위해서 부메랑의 비행이 시작되고 초반 몇 초 동안의 회전 속도가 변하지 않고 일정하다고 가정하자. 그러면 정면을 향해 직선으로 던진 부메랑은 프로펠러의 영향에 의해 어느 정도 직선이면서 비스듬히 왼쪽으로 향하는 궤도를 그린다. 여기까지는 이해하는 데 아무런 문제가 없다. 하지만, 부메랑은 직선으로 왼쪽으로 날아가는 것이 아니라 우아하게 커브를 그린다. 이건 어떻게 설명해야 할까?

그 비밀은 팽이의 행동 속에 숨어 있다. 지금 손에 닿는 장난감 팽이가 없다면 뾰족하게 깎은 연필을 딱딱한 종이 원판 중심에 끼워 팽이를 만들자. 그렇게 만든 팽이를 시계 반대 방향으로 돌리면 팽이는 우리 눈앞에서 춤추듯 돌아간다.

첫 번째 관찰: 회전수가 충분할 때 팽이는 안정적으로 회전한다. 부메랑도 바로 이 원리를 따른다. 부메랑은 날아가는 팽이에 불과하다. 확실한 이해를 돕기 위해 날아가기 시작하는 부메랑의 중심에 연필을 왼쪽에서 오른쪽으로 끼워 넣었

다고 상상해 보자(151쪽 그림 참조).

두 번째 관찰: 예를 들어 팽이에 살짝 힘을 가해 왼쪽으로 기울게 하면 어떻게 될까? 팽이는 쓰러지는 대신 성공적인 회피 능력을 보이며 팽이 축이 우리를 향해 움직인다. 팽이의 축이 되는 꼭지를 한쪽 방향으로 누르면 꼭지는 항상 직각 방향으로 피한다. 팽이는 그 이후 비스듬한 상태를 더 이상 벗어나지 못하지만, 회전할 힘이 충분히 남아 있는 동안에는 쓰러지지 않는다. 중력이 팽이 축을 계속 더 넘어가게 만들려고 하더라도 팽이 축은 항상 직각 방향으로 피한다. 이로써 팽이 축의 전형적인 원운동, 즉 소위 말하는 세차운동이 일어난다.

자전거도 마찬가지

자전거의 앞바퀴에서도 똑같은 일이 일어난다. 자전거 바퀴도 팽이와 별반 다르지 않다. 팽이 축이 되는 허구의 막대가 자전거 바퀴의 왼쪽에 있다고 생각하자. 자전거가 왼쪽으로 회전하면(축을 이루는 막대가 바닥 쪽으로 기울면), 팽이는 어떤 쪽으로 피할까? 역시 직각으로 피한다. 따라서 막대가 뒤로 움직이고 핸들은 약간 왼쪽으로 돌아간다. 바로 이 팽이 효과에 의해서 우리는 자전거를 타면서 손을 놓고 회전할 수 있는 것이다. 팽이는 기울기를 통해 어떤 방향으로 가야 하는지를 '인식'한다.

이제 우리는 부메랑의 원리에 아주 가까이 왔다. 부메랑은 자전거 앞바퀴와 같은 위치와 회전 방향을 가지고 있으며 상상 속의 축 또한 같은 방향을 가리킨다. 그런데 부메랑은 왜 커브를 돌아서 결국 부메랑의 '앞바퀴'가 왼쪽으로 방향을 틀고 원궤도를 그리게 만드는 걸까?

이것을 이해하기 위해서는 네 날개에 작용하는 기류를 정확하게 관찰해야 한다. 기류는 일단 부메랑 자신의 축을 중심으로 한 빠른 회전에 의해 생겨난다. 그밖에 공간 속 움직임을 통해서도 약한 주행풍이 일어난다. 주류(主流)는 모든 종이띠를 왼쪽에서 오른쪽으로 훑어 지나가면서, 이미 언급한 대로 프로펠러 모양으로 구부리고 양력을 일으킨다. 이제 여기에 주행풍이 끼어든다. 그 순간 수직으로 위를 향하는 날개에서 주류와 주행풍이 같은 방향으로 나타나면서 서로를 더 강화시킨다. 수직으로 아래를 향하는 날개에서는 반대로 주행풍이 공기 흐름을 감소시키고 그럼으로써 양력도 감소된다(151쪽 그림 참조). 따라서 위에 있는 날개의 양력은 항상 아래 날개의 양력보다 강하다. 그래서 위의 날개는 부메랑을 자꾸 옆으로 쓰러뜨리려고 한다. 하지만, 우리가 이미 알고 있듯이 팽이는 그대로 쓰러지지 않고 그 대신 자전거의 앞바퀴처럼 쓰러지려는 힘을 피하면서 왼쪽으로 커브를 그린다.

클립을 이용한 부메랑 튜닝

부메랑이 그리는 커브의 지름이 너무 작은 것 같은가? 비행궤도가 커야 더 깊은 인상을 받을 것 같은가? 커브의 지름은 당연히 부메랑의 무게에 달려 있다. 부메랑이 무거울수록 회전시키기 위해 더 큰 구심력이 필요하다. 따라서 같은 힘이 작용하는 경우 무거운 부메랑이 더 큰 원을 그리며 돌게 된다. 그런데 종이 부메랑의 비행궤도에도 영향을 미치는 방법이 있다. 바로 부메랑의 네 날개 중간 위치에 각각 클립을 하나씩 끼우는 것이다. 이렇게 부메랑의 무게를 추가로 높이면 어떤 일이 일어날까? 아마도 회전의자에 앉아 팔을 오므린 상태에서 의자를 돌리다가 팔을 펼쳐본 사람이라면 다 알고 있을 것이다. 그렇다. 회전이 현저하게 느려진다. 여기에는 각운동량 보존법칙이라는 중요한 물리법칙이 숨어 있다. 피겨 선수의 스핀이나 체조 선수의 공중돌기도 이 법칙에 기초한다. 물체가 회전의 중심으로부터 멀리 떨어져 있을수록 회전은 더 느리다. 이를 알아보기 위해 날개 중간에 있는 클립을 날개 끝으로 밀어 보자. 그러면 종이 부메랑이 훨씬 더 느리게 회전하는 것을 볼 수 있다. 프로펠러가 천천히 돌면 생성되는 양력도 더 작다. 따라서 부메랑이 원 모양 비행궤도의 중심점으로 가려는 힘이 더 약해지고, 지름은 훨씬 커진다.

단체 여행객 중에서 종이 부메랑으로 관심을 끌어 보려고 했던 대상을 이 부분까지 설명하면서 계속 사로잡을 수 있었다면 경의를 표할 만하다. 전술적인 이유로 이제 여기쯤에서 물리학과 관련이 없는 주제로 넘어가는 것이 좋을 것 같다. 혹시라도 상대방이 물리학적인 주제에 여전히 관심을 보이며 부메랑이 날면서 왜 누운 상태가 되는지, 왜 마지막에 부메랑을 마치 원반처럼 양 손바닥이 마주 보게 가로로 눕힌 상태에서 잡게 되는지 묻는다면, 그 질문에 대답하기 위해 다음 단락도 읽어두는 것이 좋다.

지금까지 우리가 알고 있는 바에 따르면 위쪽을 향하는 날개는 그 반대쪽에 있는 날개보다 더 강한 양력을 발생시키지만, 가로 방향에 있는 두 날개는 똑같은 속도의 영향을 받으니까 그 둘이 만들어내는 양력도 똑같아야 한다. 하지만, 이건 완전히 맞는 말은 아니다. 왜 가로 방향에 있는 두 날개 사이에 미세한 차이가 존재하는지를 이해하려면 유체역학의 세밀한 부분까지 더 깊이 들어가야 한다.

가로 방향에 있는 두 날개 중 앞에 있는 날개는 계속 조용한, 소용돌이치지 않는 공기 속에서 움직인다. 하지만, 가로 방향 그 반대쪽에서 '뒤따르는' 날개는 항상 나머지 세 날개에 의해 이미 어지럽혀진 공기층에 휩싸이게 된다. 그 날개는 항상 난류 소용돌이 구역 안에서 움직인다. 하지만, 어지럽혀지지 않고 평행한 층들로 이루어진 공기 흐름은 (그런 특성을 갖는 흐름을 '층류laminar'라고 부른다) 혼란스럽게 소용돌이치는 난류turbulent보다 더 효율적으로 양력을 발생시킬 수 있다. 설사 이 두 가지 공기 흐름이 똑같은 속도로 각 날개를 지나간다 하더라도 그건 마찬가지이다.

따라서 가로 방향 날개 중 앞에 있는 날개는 반대편에 있는 날개보다 조금 더 강한 양력을 발생시킨다. 그러나 그 차이는 수직 방향으로 있는 두 날개의 양력 차이보다 훨씬 작다. 그럼에도 그 작은 차이 때문에 부메랑이 출발한 후 부메랑에 붙어 있는 상상의 축을 정면으로 비스듬히 기울게 만드는 경향이 약간 존재한다. 나머지는 우리가 이미 알고 있다. 팽이는 쓰러지게 하려는 힘에 저항하여 피한다. 이 경우 상상의 축은 수직으로 일어나려는 경향을 보인다. 이에 따라 팽이, 즉 부메랑은 점점 더 가로로 눕게 되고 결국 비행을 마치고 돌아올 때에는 원반처럼 가로 상태로 돌아온다.

보통 부메랑은 구부러지는 종이가 아니라 합판이나 플라스틱으로 만들어진다. 단단한 부메랑을 만드는 가장 단순한 방법은 윗면이 아치형으로 볼록하게 올라온 플라스틱 자 두 개를 이용하는 것이다. 자 두 개를 고리 모양 고무줄을 이용해 십자 형태로 연결한다. 네 날개는 모두 비행기의 날개 표면처럼 작용하고 각자 양력을 생성한다. 그리고 날개 모두가 각자 측면 양력을 갖는 프로펠러가 된다. 그 밖의 작동 방식은 종이로 만든 부메랑과 동일하다.

아직 한 가지 질문이 남아 있다. 부메랑은 무중력 상태에서도 지상과 같이 돌아오는 성질을 보일까? 이 문제는 2008년 3월이 되어서야 국제우주정거장에서 완전히 해결되었다. 한 일본인 우주비행사가 우주정거장에서 부메랑 실험을 했다. 우주정거장 외부의 진공 공간에서는 부메랑이 돌아오지 못한다. 공기가 없으면 양력도 없기 때문이다. 공기가 없는 상태에서 부메랑은 회전하면서 직선으로 날아가 버리고 다시는 돌아오지 않는다. 그러나 우주정거장 내에서는 날 수 있는 충분한 공간이 확보되면 날아갔다가 원을 그리며 다시 돌아온다. 사실 그리 놀랄 일은 아니다. 프로펠러를 회전시키는 힘이나 양력은 중력과는 상관이 없다.

이 정도면 부메랑의 물리학에 대해서는 충분하고도 남는 논의가 이루어진 것 같으니 잠깐 세계관에 관한 문제로 방향을 틀어 보자. 호주 오지에서 실제로 있었던 일화 한 가지를 예로 들어 보면 어떨까?

한 백인이 호주에서 매일 몇 시간씩 나무를 깎아 부메랑을 만드는 나이 든 원주민 한 명을 만났다. 부메랑이 하나 완성될 때마다 원주민은 곧장 그 무기를 시험했다. 부메랑으로 가까이에 있는 나무를 맞히는 것이었다. 부메랑이 완벽하게 잘 만들어지지 않은 경우 그 부메랑은 나무를 맞히지 못하고 던진 사람에게 되돌아왔고, 이런 경우 원주민은 항상 실망한 얼굴로 "이 부메랑 좋지 않다!"라고 말했다. 부메랑이 공기역학적으로 완벽하게 만들어진 경우 그 부메랑은 정확하게 나무에 맞았고 그와 동시에 산산조각이 났다. 그러면 그 늙은 원주민은 얼굴 가득 만족스러운 미소를 띠고 "이 부메랑 정말 좋다!"라고 외쳤다.

이렇게 현재를 즐기라는 '카르페 디엠carpe diem'의 태도를 약간 갖는 것도 나쁘지 않을 것 같다. 한편으로 모든 무기 실험을 이런 방식으로 실시했다면 세상은 어떻게 되었을까?

뇌우는 어떻게 생겨날까?

오랫동안 계획했던 여름 축제가 기상청의 완벽한 일기예보에도 불구하고 결국 허사가 되거나, 상쾌하고 기분 좋게 시작되었던 가족 나들이가 결국 축축하게 끝나 버리는 건 악천후 때문이다. 갑작스런 악천후는 일기예보의 큰 도전거리이며, 여름철 야외활동을 계획하는 데 있어서 예측 불가능한 변수이다.

그런데 이런 날씨가 단지 불편함만 주는 것은 아니다. 뇌우가 쏟아질 때 비에 젖지 않고 번개의 위험으로부터도 안전하고 편안한 자리를 찾을 수만 있다면 자연과 자연의 힘 앞에 전율하게 만드는 흥미진진한 광경을 볼 수 있다. 분석적인 사람이라면 아마 이런 상황에서 천둥과 번개, 뇌우 구름 같은 인상적인 현상들이 물리학과 연관하여 어떻게 발생하는지 궁금할 것이다.

뇌우 구름 생성에 중요한 기초가 되는 것은 상당한 양의 습기를 눈에 보이지 않는 수증기 형태로 흡수하는 대기의 능력이다. 이때 대기는 온도가 높을수록 더 많은 습기를 머금을 수 있다. 하지만, 수증기로 포화된 대기가 차가워지면 더 이상 수증기를 머금고 있을 수 없게 된다. 그래서 수증기를 물방울의 형태로 다시 내보낸다. 이 현상은 시원한 맥주를 마실 때에도 관찰할 수 있다. 처음엔 물기 없이 말라 있었던 맥주잔의 바깥 표면에는, 잔에 차가운 맥주를 채우고 얼마 안 있어 수많은 작은 물방울이 맺힌다. 구름의 형성도 이와 똑같다. 지상 가까이에 있는 축축한 공기는 하늘로 천천히 올라간다. 그러다가 어느 특정한 높이에 다다르면 대기의 온도가 너무 차가워져 눈에 보이지 않는 수증기가 미세한 물방울의 형태로 응축된다. 그 작은 물방울들은 멀리서 보면 마치 하얀 솜처럼 보인다.

대기는 항상 어디에서나 똑같은 온도를 가지고 있는 것이 아니다. 특히 여름에는 종종 소위 말하는 '불안정한 공기층'이 형성된다. 불안정한 공기층이란 말은 우리가 일기예보에서 자주 들을 수 있는 전문용어 중 하나이다. 기상학에서 나온 이 개념이 의미하는 것은 고도가 높아질수록 온도가 100미터당 1℃ 이상씩 낮아진다는 것이다(보통은 100미터당 떨어지는 온도는 1℃에 훨씬 못 미친다). 축축하고 따뜻한, 즉 수증기로 가득 찬 기단일 경우 이것이 의미하는 바는, 이 기단이 열기구처럼 아주 빨리 10,000미터 혹은 그 이상까지 상승할 수 있다는 것이다. 이 높이는 여객기의 비행 고도에 상응하는 것으로, 이 정도 높이에서는 한여름에도 매섭게 춥다. 다음에 비행기로 여행할 기회가 있으면 외부 온도를 주의 깊게 살펴보라. 영하 50℃는 예사이다. 이러한 기온의 저하로 인해 대기는 차가운 맥주잔처럼 머금고 있던 물방울을 내뿜고, 이 물방울들은 곧바로 얼어붙어 얼음 알갱이(싸락눈)를 이룬다.

뇌우의 형성과정

전자(電子) 유괴하기

지상 근처 온도가 영상 30℃에서 40℃에 이르는 여름철에 10,000미터 높이의 대기 온도는 지상보다 거의 100℃가 낮다. 이처럼 각 공기층에서 나타나는 심한 온도 차이로 공기덩어리들 간에 지속적이고 활발한 교류가 일어난다. 무게 때문에 아래로 떨어질 만큼 크기가 커진 얼음 입자들은 계속해서 더 작고 가벼운 얼음 결정들과 충돌한다.

이 광경을 상상 속의 현미경으로 확대해서 들여다보면 모든 물 분자에서 음전하를 띤 전자들이 양전하를 가진 원자핵 주위를 돌아다니는 것이 보인다. (외부에서 보면 양전하와 음전하는 서로 상쇄되어 결국 분자는 중성이다.) 싸락눈 알갱이는 충돌하면서 다른 얼음 결정의 전자 하나를 끌고 와서 음전하를 하나 더 갖게 된다. 이렇게 해서 결국 뇌운의 하부(3,000~6,000미터 고도)에는 음전하를 띤 얼음 결정들이 무수히 모이게 되고, 뇌운의 상부(8,000~12,000미터 고도)에는 양전하를 띤 얼음 입자들만 남는다. 그러니까 공기층들의 이동으로 상이한 얼음 입자들 간의 충돌이 일어나고, 결국 소위 말하는 전하 분리가 일어난다.

유괴당한 전자들이 가장 원하는 것은 당연히 그들의 양전하에게로 돌아가는 것이다. (우리 인간도 마찬가지 아닌가!) 시간이 흐르면서 구름 속에서는 큰 전위가 발생한다. 하지만, 전자를 도둑맞은 얼음 결정들이 있는 구름 상부로 가는 길은 상당히 멀다. 그래서 뇌운 하부에 있는 전자들은 이보다 더 쉬운 길을 선택할 때가 많다. 뇌운 바로 아래 지표면에는 뇌운 하부에 있는 음전하를 띤 전자에게 강하게 끌리는 수많은 양전하가 모이게 된다. 둘 사이의 유일한 장애물은 3,000~6,000미터 두께의 대기층인데, 이 대기층은 잘 알려진 대로 전기를 전도하지 못한다. 전자들이 아주 쉽게 각각의 원자핵 사이에서 이동할 수 있어서(거의 난혼 수준의 파트너 교체가 이루어진다!) 전기가 잘 흐르는 금속과 달리, 공기 분자는 전자에게 마음대로 움직일 자유를 주지 않는다. 그래서 공기의 전기적 저항은 매우 크다.

전압은 높아지고……

이제 전압은 점점 더 높아진다. 여러분은 뇌우 발생 직전에 공기가 바스락거리는 소리를 내는 것을 경험한 적이 있을 것이다. 그것을 느끼기 위해서 반드시 초감성적인 어떤 재능을 가지고 있어야 하는 것은 아니다. 우리는 그것을 육체적으로 충분히 지각할 수 있고, 또 동물들은 그 소리에 이미 첫 빗방울이 떨어지기 한참 전에 몸을 피한다. 그 바스락거림은 바로 큰 전압 때문에 나타난다. 그러다가 어떤 지점에 도달하면 전기의 흐름을 가능하게 하기 위해 결국 공기 분자에게서 강제로 전자를 빼앗아오는 일이 일어난다.

이것은 연쇄반응 형태로 일어난다. 이 연쇄반응이 무엇에 의해 촉발되는지는 아직 완전히 밝혀지지 않았다. 어쩌면 우주복사cosmic radiation에 의해 일어나는 것일 수도 있다. 말하자면, 우주로부터 날아온 고에너지 입자가 공기 분자에 부딪혀서 하나 또는 그 이상의 전자가 공기 분자에게서 떨어져 나오게 만든다는 것이다. 그러면 자유로워진 전자들은 이웃한 분자들의 전자를 빼앗아올 만큼 큰 에너지를 가지게 된다. 모든 자유 전자는 다시 다른 전자를 풀어 주는 해방자의 역할을 하고, 이렇게 해서 짧은 시간 안에 전자를 빼앗긴 수많은 공기 분자(이른바 이온들)와 자유 전자가 생겨난다. 갑자기 전하를 띤 자유로운 입자들이 충분히 많아져서 전기를 전도할 수 있게 된다. 그리고 하늘과 땅 사이에 이온화되고 전도성 있는 공기로 이루어진 호스 모양의 통로가 형성된다.

나머지는 이미 알려진 이야기이다. 종종 온 하늘을 가로지를 만큼의 길이로 몇 초 동안 세상을 번쩍거리게 하는 그 진기한 빛의 형상은 특히 밤하늘에 아주 매혹적인 모습으로 펼쳐진다. 그러나 이 현상은 너무 빠르게 지나간다. 그래서 눈에 보이는 낙뢰가 대부분 지상에서 하늘로, 그러니까 아래에서 위로 올라가는 모습이라는 것을 맨눈으로는 인식하기 어렵다. 눈에 보이지 않는 이온화된 번개 통로, 즉 앞에서 서술했던 전자를 빼앗긴 분자들로 이루어진 호스 모양의 통로는 구름 하부에서 지표면 방향으로 발달한다. 이 번개 통로가 지상에 도달하기 바로 전, 이 통로 내에 있는 이온화된 공기의 전도성이 커져서 지표면 가까운 곳에서 양전하를 띤 입자가 대량으로 증가하게 된다. 이제 지표면에서 가장 높은 곳에 있는 지점, 즉 나무나 안테나, 교회 첨탑 같은 곳에서 번개 통로를 향해 상향 방전이 일어난다. 이 상향 방전이 번개 통로와 만나면 전류가 급격하게 증가하여 지면으로부터 번개 통로를 따라 구름으로 향하는 번개가 나타난다. 번개 통로와 상향 방전의 결합이 낙뢰가 발생하는 경과와 낙뢰가 지상에 떨어지는 지점을 결정하는 것이다.

낙뢰가 일어날 때 흐르는 전류의 세기는 평균 30,000암페어이고, 최고치는 300,000암페어에 달한다. 이 전류가 얼마나 큰 것인지 알기 위해 잠시 비교해 보자. 예를 들어 가정에서 가장 많은 전기를 소모하는 제품에 속하는 전기레인지와 세탁기에는 전류의 세기가 16암페어나 20암페어만 되어도 전류를 단절시키는 퓨즈가 설치되어 있다. 다시 번개로 돌아가서, 이렇게 강한 전류의 세기로 인해 번개 통로 안의 공기가 가열되고 순간적으로 팽창하면서 우르릉 쿵쾅 하는 소리로 우리 귀에 지각되는 충격파를 발생시킨다. 번개 통로 중에서 지상에 가까운 영역이 더 높이 있는 영역보다 우리에게 훨씬 가깝기 때문에 번개 통로로부터 시작된 소리는 시차를 두고 우리 귀에 도달한다. 그래서 우리가 듣는 천둥소리는 한 번에 탕 하는 날카로운 폭음이 아니라 길게 우르릉거리는 소리로 들리는 것이다.

이런 모든 정보를 알게 된 지금, 우리는 읽은 내용을 실제 눈으로 확인하고 새로 얻은 지식을 다른 사람에게 보여 주기 위해 멋지고 강한 여름철 뇌우를 기다리게 될지도 모른다. 하지만, 그런 지식을 가지고 있다고 해서 천둥과 번개를 동반한 뇌우가 매년 사망자를 발생시킨다는 사실을 간과해서는 안 된다.

낙뢰를 피하기 위해 먼저 명심하고 지켜야 할 규칙은, 절대로 자기가 주변에서 가장 높은 위치에 있지 않도록 해야 한다는 것이다. 그렇지 않으면 자기 머리에서 번개 통로를 향해 상향 방전이 일어나서 벼락을 불러오는 위험에 처할 수도 있다. 또한 직접 자기 머리 위가 아니더라도 가까운 곳에 떨어지는 낙뢰도 매우 위험하다. 낙뢰가 떨어진 지점의 주변 지표에는 높은 전압이 발생한다. 또한 전류의 세기는 직접 맞은 지점이 가장 강하며 그 중심에서 멀어질수록 약해진다. 만약 우리 오른쪽으로 몇 미터 떨어진 곳에 낙뢰가 떨어졌다면, 그리고 우리가 다리를 벌리고 땅에 서 있었다면 오른쪽 발밑의 전위는 왼쪽 발밑의 전위보다 훨씬 크다. 전위차는 전기의 흐름으로 이어진다. 따라서 이 경우 전류는 오른발에서 몸통을 지나 왼발로 흐른다.

그러므로 낙뢰가 떨어질 때 가장 안전한 자세는 두 발을 한데 모으고 쪼그려 앉는 것이다. 그러나 소는 이런 자세를 취할 수 없다. 그래서 소는 앞다리와 뒷다리 사이의 큰 간격 때문에 평균 이상으로 자주 낙뢰에 희생된다.

낙뢰가 떨어진 지점이 어디쯤 되는지, 그리고 본인이 그 위험지에서 얼마나 떨어져 있는지 알기 위해 초를 세는 것은 오래된 경험에서 우러나온 것이지만 상당히 유용하다. 먼저 번개를 본 순간부터 초를 세기 시작한다. 빛이 소리보다 훨씬 빠른 속도로 나아가기 때문에 번개의 빛은 거의 '번쩍' 하고 발생하는 순간과 동시에 우리 망막에 도달한다. 하지만, 천둥소리는 1킬로미터를 이동하는 데 약 3초가 걸린다. 따라서 번개와 천둥 사이의 시간을 세는 것은 낙뢰가 떨어진 지점까지의 거리를 어림잡는 데 매우 신뢰할 만한 방법이다. 그리고 낙뢰의 위험성으로 난감한 상황에 처했을 때 유용하게 사용할 수 있다.

히말라야의 설인 예티가 수프를 끓인다면?

히말라야 트레킹은 참으로 아름다운 자연을 만끽할 기회이지만 체력적으로 감당하기에 상당히 힘든 여행이다. 이런 여행에서 가장 중요한 것은 몸에 수분과 무기질을 충분히 공급하는 것이다. 티베트 사람들은 이를 위해 수백 년에 걸쳐 아주 이상적인 음료를 개발했다. 바로 야크 버터와 소금을 넣어 만든 차다. 이 특별한 음료의 유별난 맛을 전달하기 위해서는 약간 구체적인 설명이 필요하다.

티베트의 시골에는 냉장고가 있는 곳이 거의 없다. 앞서 사막 탐험 이야기에서 소개한 독창적인 양말 냉각법도 내가 몇 년 전 거의 선교활동을 하듯 그곳에 소개했지만 여전히 널리 보급되지 않고 있다. 그래서 야크 버터를 냉장 보관할 방법이 없다. 티베트에서는 야크 버터를 눌러 커다란 덩어리로 만들고 야크 가죽으로 만든 자루에 넣어 꿰맨 후 몇 주 동안 저장한다. 그러니 그 맛이 어떻겠는가! '고약하다'라는 표현만으로는 너무나 부족하다.

히말라야에서 마시는 이 특별한 차를 만드는 방법은 다음과 같다. 허브에 뜨거운 물을 붓고 소금을 넣은 다음 길쭉한 나무 원통에 붓고 큰 버터 조각을 하나 넣어 잘 섞는다. 녹은 버터와 물이 쉽게 섞이지 않기 때문에 처음에는 사실상 기름이 뜬 수프처럼 보일 것이다. 일종의 나무 피스톤 같은 것을 이용해 끈기 있게 두드리듯 섞어 주면 표면에 뜬 기름방울들이 잘게 부서지고 결국엔 균일하게 흰색에 가까운 액체가 만들어진다. 지배적인 맛은 당연히 버터 맛이다.

탈수증세가 꽤나 심하지 않다면, 혹은 다른 대안이 없는 상태라고 해도 야크 버터차 첫 잔을 다 비우기는 힘들다. 하지만, 사람들은 놀랍게도 상당히 빨리 이 차의 느끼하면서도 비린 맛에 익숙해지고, 몇 주 지나면 그 맛에 거의 중독된다. 이 희한한 음료는 체액과 삼투압이 비슷한 여러 이온음료보다 더 빠르고 지속적으로 몸을 회복시킨다. 최소한 내가 현장에서 자가 실험을 통해 갖게 된 주관적 인식에 의하면 그렇다.

만약—충분히 실감할 만한 이유로—야크 버터차와 같은 티베트인들의 그런 문화에 굳이 적응할 생각이 없다면 한 가지 통용되는 대안이 있다. 바로 인스턴트 수프이다. 이 대안은 여러 가지 분명한 장점들을 가지고 있다. 인스턴트 수프는 입맛에 맞는 종류로 집에서 가져올 수도 있고, 종종 거칠게 다루어지는 비행기 수하물 속에서도 안전하게 보관되며, 트레킹 배낭 속에서도 자리를 얼마 차지하지 않는다. 그리고 가장 중요한 점은 텐트와 조리도구, 침낭에 비하면 깃털처럼 가벼워서 트레킹에 열광하는 사람들의 혹사당하는 허리에도 별로 무리가 되지 않는다는 것이다. 배고픔과 갈증이 찾아오면 가까운 개울을 찾아 코펠에 물을 담고 몇 분 후면 바로 원기를 회복시켜줄 수프를 먹을 수 있다. 물이 끓으면 동시에 살균도 되므로 아무런 걱정 없이 수프를 즐기면 된다. 그런데 잠깐! 여기에 한 가지 논리적 오류가 숨어 있다. 방금 기술한 방법이 집에서라면 믿을 만하지만 티베트의 고원지대에서는 아니다.

트레킹을 하고 있는 지역이 아무리 사람과 동물을 찾기 힘든 곳처럼 보인다고 하더라도, (거의 확실하게) 개울 상류 어딘가에서는 야크 한 마리가 그 개울을 말 그대로 화장실로 사용하고 있을 거라는 점을 염두에 두어야 한다. 이는 내가 개인적으로 여러 번 경험한 사실에 기초한다. 따라서 개울물에는 항상 우리 몸이 방어할 수 없어서 신체적 이상반응을 보일 가능성이 있는 여러 가지 이상한 박테리아와 바이러스가 가득하다고 생각해야 한다.

그리고 물을 끓일 때에는 물리법칙이 우리에게 훼방을 놓는다. 일반적으로 물의 온도는 100℃가 되면 수증기가 생기면서 물이 끓기 시작한다. 그러나 히말라야 설인 예티의 고향인 해발 8,000미터 높이에서는 기압이 낮아 물의 온도가 약 74℃만 되어도 끓기 시작한다. 비록 전문 등반가가 아닌 일반인들을 대상으로 한 트레킹에서 그렇게 높은 곳까지 올라가지는 않는다. 그렇지만 여행자들의 접근이 가능한 야크 방목초지가 있는 높이에서도 날씨가 좋지 않은 경우 물이 끓기 시작하는 온도가 80℃를 넘지 않는다.

TIP

미지근한 물을 끓게 하는 방법

히말라야 트레킹에 함께하지 못한 가족에게 히말라야에서 수프 물이 언제 끓는지를 보여 주고 싶다면 가능한 한 크고 투명한, 바늘 없는 일회용 주사기만 있으면 된다. 먼저 일회용 주사기에 3분의 1가량 너무 뜨겁지 않은 물을 채운다. 그리고 주변에 있는 모든 사람에게 물이 끓은 상태가 아니라는 사실을 확인시켜준다. 이제 메디컬 드라마에 나오는 주인공 의사와 같은 눈빛으로 주사기 안에 있을 수도 있는 공기를 빼낸 다음 엄지손가락으로 주사기 끝부분을 (공기가 통하지 않게) 꼭 막고, 다른 손으로 피스톤을 끝까지 잡아당긴다. 이제 무슨 일이 일어날까? 바로 주사기 안의 물이 부글부글 끓어오르기 시작한다.

부피가 늘어남으로써 주사기 안의 압력이 에베레스트 산 수준으로 낮아진다. 이에 따라 물은 50℃나 60℃에서 끓는다. 그러면 주사기 안 물 위쪽의 '빈' 공간에는 무엇이 있을까? '진공'이라고 대답하는 사람이 있다면 그는 '원자(력) 없는 오스트리아(atom-free Austria)'라는 국민발안에 서명했던 사람일 것이다. 주사기 안에 정말 원자가 없다면, 그래서 그 안이 진정한 진공 상태라면, 외부 기압이 그 얇은 플라스틱 관을 곧바로 납작하게 만들어 버릴 것이다. 그리고 주사기 끝을 막고 있던 엄지손가락에는 내출혈 이상의 상처가 남을 것이다.

하지만, 그런 일은 일어나지 않는다. 부피의 확장과 함께 수많은 물 분자가 비교적 강하게 서로를 끌어당기던 액체 상태에서 자유로운 기체 분자로 바뀐다. 따라서 주사기의 윗부분은 눈에 보이지 않는 수증기로 채워진다. 여기서 잡고 있던 주사기 피스톤을 놓으면 피스톤은 곧장 본래 위치로 돌아간다. 그리고 증기는 번개처럼 빠르게 다시 물로 액화한다.

이런 상태에서는 모든 병원균이 살균되었다고 자신할 수가 없다. 그러니 원치 않는 야크 향이 담긴 인스턴트 수프는 아주 위험할 수 있다. 이런 경우 좀 거칠지만 오래전부터 사용되어 온 방법 하나가 도움이 될 수 있다. 식수로 사용할 물 1리터당 요오드액 몇 방울을 떨어뜨려 주는 것이다. 얼마간 시간이 지난 후에 이렇게 살균 소독한 물을 마시면 된다. 뒷맛이 훌륭하지는 않겠지만, 야크 버터차에 비하면 요오드 맛 나는 양송이 크림수프가 그래도 좀 낫다. 물리적으로 좀 더 우아한 해결책은 물 온도가 100℃ 이상 올라갈 수 있는 압력솥을 사용하는 것이다. 그렇지만 누가 과연 그 무거운 것을 높은 산까지 지고 올라가겠는가?

TIP

재활용 – 플라스틱 병으로 고성능 로켓 만들기

물과 기압(좀 더 정확하게 말하자면 압축공기)의 조합으로 훨씬 더 거창한 실험을 할 수 있다. 이번에는 플라스틱 주사기가 아니라 1.5리터들이 플라스틱 병을 재활용한다. 추가로 플라스틱 병에 끼울 수 있을 만한 두께의 코르크 병마개가 하나 필요하다. 여기에는 요즘 자주 사용되는 합성수지 코르크가 가장 적당하다.

먼저 코르크 마개를 대략 반 정도 길이로 자른다. 물결 모양 칼날이 있는 빵칼을 사용하면 쉽다. 그리고 축구공에 바람을 넣을 때 사용하는 자전거펌프 공기 주입용 바늘을 코르크에 세로로 끼운다. 공에 사용하는 바늘이 없을 경우에는 낡은 자전거 타이어에서 밸브를 잘라내 사용한다. 목공용 드릴로 코르크에 구멍을 뚫고 밸브를 구멍에 끼워 넣으면 된다. 이제 코르크를 플라스틱 병 입구에 단단히 끼워 넣고 자전거펌프를 밸브에 연결하면 로켓 발사 준비 완료이다.

가장 좋은 방법은 호스가 달린 발펌프를 사용하는 것인데, 그러면 둘이서 실험을 진행할 수 있다. 한 사람은 코르크 마개가 있는 쪽을 바닥으로 가게 해서 로켓이 수직으로 위를 향하도록 잘 받친다. 다른 사람은 천천히, 하지만 힘 있게 펌프질을 한다. 펌프질과 함께 카운트다운을 하면 실험이 훨씬 드라마틱해진다.

코르크 마개가 얼마나 단단하게 끼워져 있는지에 따라 병 내부에서는 압력이 올라간다. 압력이 2 내지 4bar에 달하게 되면 병이 조그만 '펑' 소리와 함께 위로 발사된다.

이때 주의해야 할 것은 절대로 발사 준비 상태의 로켓 위로 몸을 굽혀서는 안 된다는 것이다. 높은 발사속도로 부상의 위험이 있을 수 있기 때문이다.

여기서 실험 강도를 더 높일 수도 있다. 발사 전에 로켓에 물을 약간 채운다. 이 '연료'가 로켓을 더 높이 날게 만든다. 그리고 로켓이 발사되면서 물이 뿜어져 나오는 재미도 과소평가할 수 없다. 로켓에 채운 물의 높이를 달리 해서 여러 번 실험을 실시하고 그때마다 로켓이 날아오르는 높이가 얼마나 다른지 기록해 보자. 로켓 방정식(이 방정식이 어떻게 생겼고 어떻게 도출되는지에 관한 설명은 생략하겠다)에 따르면 물을 3분의 1 정도 채웠을 때 최대 높이에 도달할 수 있다. 수많은 시도를 통해 그 최댓값이 입증되었다. 뿐만 아니라 플라스틱 병 측면에 종이 상자로 만든 날개를 붙이는 방식으로 비행 안정성을 높이는 추가적인 최적화 방식을 통해 로켓을 심지어 몇 층 높이 건물보다도 더 높이 쏘아 올릴 수 있다.

우리가 만든 로켓에 숨은 원리는 간단하다. 바로 반동이다. 바퀴가 달린 사무실 의자에 앉아서 공을 힘차게 앞을 향해 던져보자. 공에는 앞쪽으로 운동량이 작용하고, 이에 대응하여 몸에는 반대 방향으로 운동량이 작용한다. 바닥이 매끄러운 경우 공을 던지면 의자와 함께 뒤로 밀려 나갈 것이다. 가벼운 축구공 대신 무거운 메디신볼을 사용하면 뒤로 밀려 나가는 거리도 훨씬 길어진다.

운동량은 물체의 질량에 속도를 곱한 값이다. 물리의 운동량 보존법칙은 모든 운동량이 동일한 양만큼 반대 방향으로 상쇄될 것을 요구한다. 몸무게 50kg인 사람이 무게가 5kg이 나가는 메디신볼을 특정한 속도로 앞을 향해 던지면, 공을 던진 사람은 그것의 10분의 1의 속도로 뒤로 움직인다(그리고 마찰 때문에 아주 빠르게 속도가 줄어든다).

로켓의 경우에도 똑같은 원리가 적용된다. 공기만 차 있는 로켓에서 코르크가 빠지면 그 순간 로켓 안에 압축되어 있던 공기가 매우 높은 속도로 아래로 뿜어져 나온다. 공기의 질량이 작은데도(리터당 약 1.2g), 빈 병에는 수직으로 위를 향하는 운동량이 작용한다. 공기는 던져진 공이고 병은 사무실 의자에 앉아 공을 던진 사람과 같다.

로켓에 3분의 1가량의 물을 채우면 로켓이 발사되면서 물이 먼저 아래로 빠져나온다. 물이 빠져나오는 속도는 비록 병에 공기만 들어 있을 때의 공기 방출속도보다 느리지만, 물의 질량은 플라스틱 병보다 몇 배 더 크다. 따라서 병의 발사속도는 훨씬 빨라지고 그만큼 더 멀리 날아간다.

이 발사속도를 정확하게 계산하기 위해서는 방출하는 데 몇백분의 1초라는 시간이 걸린다는 사실에 주의해야 한다. 이 시간 동안 로켓의 실제 질량은 계속 변화한다. 따라서 발사속도를 단순하게 운동량 보존법칙에 따라 산정할 수 없으며, 앞에서 한 번 언급했던 로켓 방정식이 필요하다. 로켓 방정식을 이용하면 실제 달로켓의 궤도도 계산할 수 있다. 원리는 똑같다. 로켓에서는 연료가 연소된다. 연료는 대부분 액체수소와 액체산소를 혼합한 액체나 고체 형태이다. 이때 엄청난 양의 배기가스가 발생하고, 이 배기가스는 높은 압력으로 뿜어져 나온다. 로켓의 추진은 오로지 반동력을 기반으로 이루어진다. 이 때문에 로켓은 밀어낼 공기가 없는 진공 환경에서도 앞으로 나아갈 수 있다.

혹시 날씨 때문에 야외에서 로켓 발사 실험을 진행하기 어렵다면 여기 소개된 것 같은 간단한 물건들을 이용해서 실내에서도 물리 실험을 즐길 수 있다.

카오스 게임

며칠 동안 끊임없이 이어지는 폭우 때문에 산장에 갇혀 있어야 하는 것만큼 지루한 일이 있을까? 생각나는 모든 친척과 지인 앞으로 똑같은 그림이 그려진 엽서를 쓰면서 형편없는 날씨에 대해 불평을 늘어놓는 것도 얼마 지나지 않아 지겨워진다. 지루함과 좌절감에 산장에서 판매하는 맥주를 다 마셔 버리기 전에 차라리 물리법칙과 우연이란 주제에 대해 생각해 본다면 시간 보내기가 좀 수월하지 않을까? 필요한 준비물은 종이와 연필, 그리고 주사위와 자 하나면 된다.

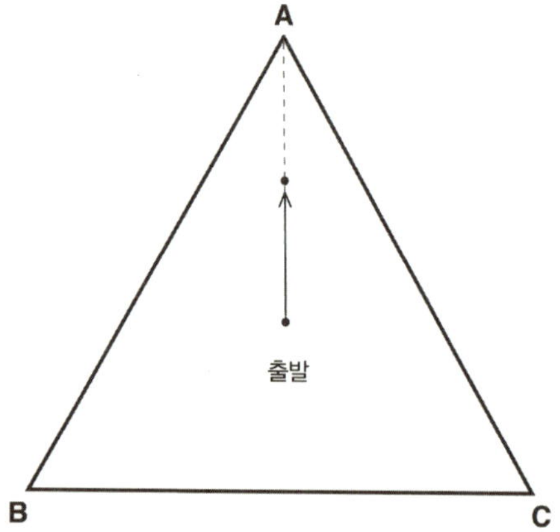

1. 세 변의 길이가 똑같은 정삼각형을 그리고, 각 꼭짓점을 A, B, C라고 부른다.
2. 삼각형 안 아무 곳에나 출발점을 표시한다.
3. 주사위를 던져서 1이나 2가 나오면 꼭짓점 A 방향, 3이나 4가 나오면 꼭짓점 B 방향, 5나 6이 나오면 꼭짓점 C 방향으로 출발점에서부터 각 꼭짓점까지 거리의 반만 간다.
4. 3번의 과정을 통해 정해진 위치에 점을 표시한 뒤 3번으로 돌아가 과정을 반복한다.

   ……비가 그칠 때까지.

만약 금욕적인 자세로 지치지 않고 수백 번 주사위를 던져 매번 점을 찍는다면 삼각형 안의 점들은 어떤 분포를 보일까? 오래 생각하지 않아도 한 가지는 금방 알 수 있다. 점이 삼각형 바깥으로 나가는 일은 없다는 사실이다. 혹시나 자주 연속해서 같은 꼭짓점만 나온다 해도 마찬가지다. 해당 꼭짓점에 아주 근접할 수는 있겠지만 꼭짓점에 완전히 도달하는 일은 결코 없다. 그럼 삼각형 안의 점들은 완전히 균일한 분포를 보이게 될까? 아니면—몇 시간이 지난 후—점의 바다가 바깥보다 가운데 부분에서 더 촘촘하고 어둡게 나타날까? 혹은 점이 없이 흰색으로 남아 있는 영역도 있을까?

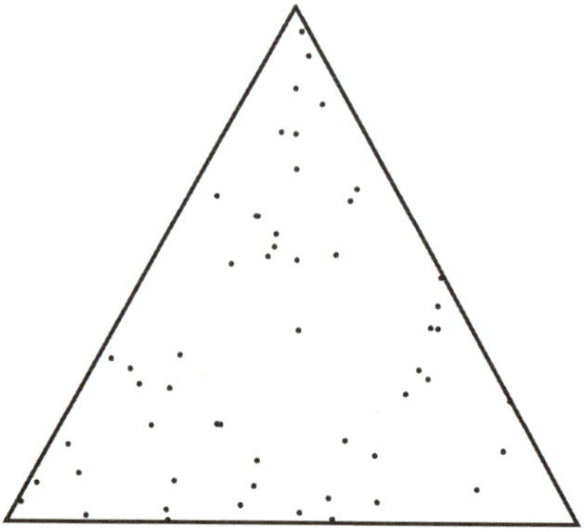

카오스 게임의 이 분포는 주사위를 50번 던진 후에 나타나는 것이다. 벌써 어떤 경향이 보이는가? 특히 많은 점이 몰려 있는, 선호가 두드러지는 구역이나 전혀 점이 찍히지 않는 구역이 있는가?

현재 이 게임을 계속할 인내심이 없다면, 또는 날씨가 좋아져서 더 이상 수행에 가까운 이 게임을 계속할 필요가 없다면 다음 그림을 보자.

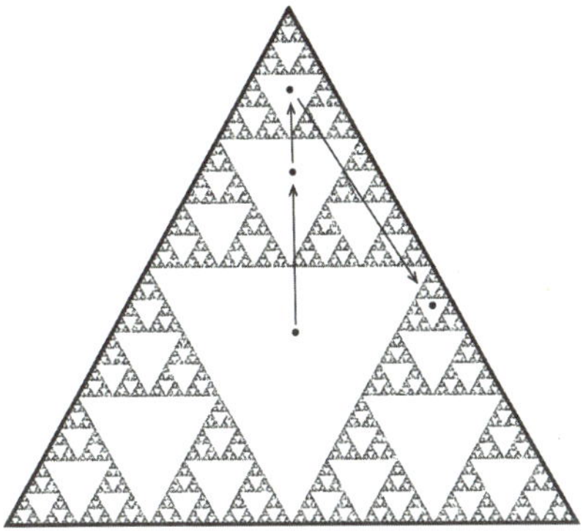

카오스 게임에서 주사위를 십만 번 던진 후에 나타나는 점의 분포이다. 처음 세 번 던진 주사위 결과가 순서대로 표시되어 있다.

놀랐는가? 카오스 게임이 아주 단순한 규칙을 가지고 있고 우연에 의해 지배되는데도 동일한 규칙을 계속 적용했을 때 다가가는 점들은 놀랍게도 복잡하지만 규칙적인 무늬를 나타낸다. 큰 삼각형 안에 축소된 작은 삼각형이 들어가 있다. 그리고 작은 삼각형 안에는 또 다른 작은 삼각형이 들어 있다. 수학적으로만 보자면 이러한 구조는 무한히 작은 척도까지 계속 이어진다. 수학에서 의미하는 점은 크기가 없다. 단지 실재하는 이 종이 위에서 인쇄로 표현할 수 있는 유한한 해상도로 제한받을 뿐이다.

카오스 게임에서 생성된 삼각형은 프랙털fractal의 전형적인 예이다. 프랙털은 부분이 전체와 비슷한 구조로 끝없이 되풀이된다. 그래서 아무리 작은 구조도 확대하면 전체와 같은 모양을 하고 있다.

그런데 전적으로 우연에 의존하는 주사위 던지기로 어떻게 이렇게 복잡한 구조를 가진 문양이 생겨나는 걸까? 그리고 만약 다른 출발점을 선택하면 어떤 일이 벌어질까? 주사위 던지기 초기 몇 번의 결과를 다시 한번 자세히 살펴보자. 그림에 처음 세 번 던진 주사위 결과가 표시되어 있다. 큰 하얀 삼각형의 가운데 어디쯤에서 주사위 던지기를 시작한다고 하자. 주사위를 던진 결과에 따라 어떤 꼭짓점이 선택되더라도 두 번째 점은 반드시 각 꼭짓점 방향에 있는 그다음으로 작은 삼각형 안에 있게 될 것이다. 그다음 주사위에서는 다시 그다음으로 작은 아홉 개의 삼각형 중 하나가 선택될 것이다. 이런 식으로 끝없이 계속된다. 매번 주사위를 던질 때마다 그다음으로 작은 하얀 삼각형 안에 점이 찍히게 된다. 정확히 말하면 우리가 표시하는 점들은 프랙털 구조를 이루는 특정한 점이나 선에 결코 도달하지 못하고 영원히 '금지된 영역'에 머물게 된다. 주사위를 던질 때마다 우리는 좀 더 작은 여백의 영역으로 들어간다. 그 하얀 삼각형들은 주사위를 몇 번 던지다 보면 맨눈으로는 구분할 수 없을 정도로 작아질 것이다. 주사위를 던져 찍는 점들은 프랙털 구조에 도달하지는 못하지만 그 구조에 무한히 가깝게 다가간다. 이 프랙털 구조를 '스트레인지 어트랙터strange attractor' 라고 부른다.

근본적으로는 삼각형 안 어디에 출발점을 선택하든지 관계가 없다. 결국에는 프랙털 구조로 다가가면서 같은 패턴을 만들어낸다. 예를 들어 정확하게 세 꼭짓점 중 하나에서 출발하면 첫 번째 주사위를 던지고 나서는 세 변 중 하나의 변 위에 바로 점을 찍게 될 것이다. 경우에 따라서는 그다음에 주사위를 몇 번 던질 때까지 변 위에 머물러 있게 되겠지만, 언젠가는 건너편에 있는 꼭짓점 방향으로 가야 할 순간이 올 것이고, 그렇게 삼각형의 내부로 들어가게 된다. 그러나 중요한 차이점이 하나 있다. 꼭짓점은 프랙털 구조 위에 있는 점이다. 이렇게 프랙털 구조 위에서 출발한 점은 주사위를 던져서 다음 점을 선택해도 다시 프랙털 구조 위의 점으로 옮겨간다. 따라서 그 구조 위의 점들을 옮겨가면서 점을 찍어 프랙털 구조를 만든다. 이것은 삼각형의 내부에 있는 점에서 출발하면 프랙털 구조에 한없이 다가가면서 프랙털 구조를 만들어내는 것과는 다르다. 그러나 시각적으로는 두 경우가 서로 구분되지 않는다.

완전히 우연에 의해 어떤 출발점을 선택하면 거의 확실하게 영원히 흰색으로 남아 있는 금지된 영역에 안착한다. 면적을 구하면 흰 부분이 검은 부분보다 크다. 정확히 말하면 검은 '면적'은 아예 없다. 모든 검은 구역은 무한히 많은 하얀 빈 곳들에 의해 뚫려 있기 때문이다. 프랙털은 2차원 형상(평면)일까, 아니면 수많은 1차원 구조들(독립된 선들)이 모여 있는 것일까? 이 어려운 질문에 대한 놀라운 대답은, 프랙털 차원은 1과 2 사이에 있다는 것이다. 심지어 이 특수한 프랙털 차원은 비교적 쉽게 계산해낼 수 있다. 이 프랙털은 1.58496… 차원을 갖는다.

비 때문에 갇혀 있던 산장에서 혹시 인터넷 접속이 가능하다면 '카오스 게임'이란 검색어로 여러 가지 애플리케이션을 찾을 수 있을 것이다. 출발점을 선택하면 컴퓨터가 알아서 무한 반복되는 주사위 던지기와 점 표시하기를 대신 해 주고 곧바로 해당 패턴을 보여 준다.

제5장

겨울 여행에서 배우는 과학 원리

매혹적인 프랙털

앞 장에서 소개했던 카오스 게임은 수학적으로 만들어진 프랙털의 한 예를 보여 준다. 그러나 우리는 자연에서도 임의의 한 부분이 전체와 닮은 형상들을 많이 볼 수 있다. 2차원 프랙털의 전형적인 예를 보여 주는 것이 바로 양치식물이다. 이 식물의 엄마줄기는 수많은 새끼줄기들로 이루어져 있는데, 각 새끼줄기는 엄마줄기의 축소판처럼 생겼다. 그리고 새끼줄기에 붙은 잎들 역시 모두 엄마줄기의 모양과 똑같다.

한편 3차원 프랙털의 예를 잘 보여 주는 것은 로마네스크란 이름의 채소이다. 이것은 브로콜리와 콜리플라워를 섞어 놓은 것처럼 생겼다. 그리고 연두색 표면은 수많은 작은 삼각뿔 모양으로 이루어져 있다. 작은 삼각뿔들이 나선 모양으로 배열되어 큰 삼각뿔이 만들어지고, 그것들이 모여 더 큰 삼각뿔이 만들어진다. 이 흥미로운 형태에 대해 수학자들도 큰 관심을 보인다. 그 구조가 유명한 피보나치수열과도 관련이 있기 때문이다.

매년 첫눈이 내릴 때 가장 반가워하는 사람은 아이들이다. 눈 결정을 확대하면 어떤 모양일까? 눈송이는 각각 여섯 개의 큰 가지에서 작은 가지로 나눠지며, 대부분 그 작은 가지에서 그보다 더 작은 가지로 나눠진다. 이는 미학적으로 특히 매력적인 프랙털 구조이다. "모든 눈꽃은 무한한 아름다움을 가지고 있고, 이 아름다움은 아마도 과학자들이 서로 완전히

우와, 당신은 지금껏 내가 본
눈송이 중에 가장 아름다워!
내가 완전히 녹아 버리기 전에
그 말 한번만 더 해줘요.

똑같은 모양을 가진 눈꽃을 결코 찾아낼 수 없을 것이라는 사실 때문에 더욱 배가된다." 이 말을 한 윌슨 벤틀리Wilson Bentley는 미국 버몬트 지방의 농부로 청소년 시절부터 눈 결정의 아름다움에 빠져 있었다. 벤틀리는 수없이 많은 시도 후 1885년에 검은색 나무쟁반 위에 놓인 눈송이를 현미경을 이용해 최초로 사진에 담는 데 성공했다. 그는 수천 장의 눈송이 사진을 찍었다. 하지만, 당시 그것 때문에 이웃들로부터 이상한 사람 취급을 받았다. 그러다가 몇 년 후 우연히 어떤 전문가가 벤틀리가 찍은 사진들을 보게 되었다. 결국 그 사진들이 《내셔널 지오그래픽National Geographic》과 《사이언티픽 아메리칸Scientific American》에 실리면서 벤틀리는 '눈송이 사진작가'로 세계에 이름이 알려지게 되었다.

완전히 똑같이 생긴 눈송이가 있을까?

거의 철학적 차원의 질문이지만 물리적인 관점에서 본다면 이 질문에 대한 답은 분명히 "아니요!"이다. 똑같다는 것이 대체 뭘까? 미소한 입자인 소립자에서부터 이야기를 시작해 보자. 물리학의 세계에서는 예를 들어 모든 전자는 완전히 동일하다. 전자들 간에 서로 구분할 수 없는 그 특성이 양자물리학의 중요한 토대를 이룬다. 이제 상상 속의 현미경으로 소립자보다 훨씬 더 큰 대상인 물 분자를 살펴보자. 물 분자는 중앙에 위치한 산소 원자 하나와 서로 105도의 결합각을 이루는 수소 원자 두 개로 이루어져 있다. 예컨대 옷걸이 모양을 생각하면 된다. 옷걸이 고리 부분에 산소 원자가 있고 옷걸이의 양쪽 팔 부분 끝에 수소 원자가 하나씩 위치한다. 그러나 대략 5천 개의 물 분자 중 하나는 H_2O분자의 변종이다. 두 수소 원자 중 하나가 듀테륨, 이른바 중수소로 치환된 분자이다. 이 변종 분자는 기존 물 분자와 아주 유사하지만 똑같지는 않다.

눈송이 하나는 약 10^{18}(즉 1,000,000,000,000,000,000)개의 H_2O 분자로 이루어져 있다. 그리고 그중 10^{15}은 약간 다르게 생긴 아웃라이어(outlier, 이상치)이다. 따라서 수없이 많은 종류의 조합이 가능하다. 그러므로 전 세계에 1년 중 내리는 눈 가운데 똑같은 분자 조합을 가진 눈송이 두 개를 찾을 가능성은 거의 없다.

잠시 비교해 보자면, 오스트리아 로또 복권인 '45 중 6'에서는 45개 숫자(눈송이를 구성하는 물 분자 전체 수)에서 6개 숫자(아웃라이어)를 선택해 표시해야 한다. 이 경우에도 이미 8백만 개 이상의 조합이 가능하다. 10^{15}개의 이상치를 포함하여 총 10^{18}개로 이루어진 조합의 가짓수가 얼마나 많을 것인지는 대충 짐작이 갈 것이다.

추가로 잠깐 언급하자면, 오스트리아 로또의 경우의 수는 오스트리아 인구수와 거의 비슷하다. 그러니 만약 어떤 회차에 오스트리아 국민 모두가 참여한다고 하면 평균 딱 한 명만

6개 숫자를 모두 맞춘다는 얘기가 된다. 독일의 로또는 49개 중 6개 숫자를 맞추는 것인데, 이때 경우의 수는 1천4백만이다. 독일 인구 8천만 명이 모두 참여한다고 하면 평균 거의 여섯 명이 당첨의 행운을 누릴 것이다.

눈송이는 어떻게 생겨날까?

그렇다면 쉽게 사라져 버리는 프랙털 예술작품인 눈송이는 어떤 과정을 통해 만들어질까? 눈송이가 생성되려면 겨울날 구름의 수증기가 과냉각되어야 한다. 수증기 온도가 이미 한참 영하로 떨어졌어도 아직 얼음으로 변한 상태는 아니라는 이야기다.

수증기가 얼기 위해서는 먼저 물 분자가 달라붙을 수 있는 먼지 입자나 박테리아와 같은 응결핵이 필요하다. 응결핵이 준비되면 H_2O분자는 옷걸이 모양 때문에 수많은 육각형으로 이루어진 일정한 벌집 모양의 결정구조를 갖추게 된다. 따라서 눈송이 가장 안쪽에 위치한 이 핵은 거의 항상 작은 육각판 모양이다. 응결핵은 구름 안의 공기 흐름에 의해 떠 있을 정도로 가볍다. 이 응결핵의 표면에 점점 더 많은 수증기가 응축되어 얼어붙는다. 만약 공기의 습도가 높고 온도가 아주 낮으면 모양이 별로 스펙터클하지 않은, 속이 빈 육각기둥이 생겨난다. 응결핵이 구름에서 온도가 더 낮은 구역에 오게 되면 훨씬 별난 형상들이 생겨날 수 있다. 그리고 육각형의 모든 좌우면에 가지가 나오기 시작한다. 이 과정 중에 물론 온도와 습도가 변할 수 있다.

눈송이의 모양은 그 눈송이가 구름 속에서 개인적으로 어떤 길을 가느냐에 따라 영향을 크게 받는다. 눈 결정의 여섯 개 가지가 각각 같은 조건에서 동시에 자라나기 때문에 모양이 아주 비슷해질 수 있다. 이것이 우리가 눈 결정체 사진에서 보는 놀라운 대칭 형태의 원인이다. 하지만, 이런 사진을 위해서는 당연히 눈송이 중에서도 그 형상이 뛰어난 톱모델들만 선택된다. 눈송이의 대부분은 그렇게 완벽한 대칭 구조를 가지지 않는다. 그럼에도 현미경으로 관찰해 보면 모두 황홀할 정도로 아름다운 모습을 갖추고 있다.

눈은 왜 하얄까?

수많은 눈 결정체가 땅에 내리면 차곡차곡 쌓여 두꺼운 층을 이룬다. 현미경으로 관찰해 보면 각각의 눈송이는 유리처럼 투명하다. 하지만, 전체를 보면 눈(雪)은 흰색으로 보인다. 왜일까? 어떤 물체가 투명하게 보이려면 빛이 방해 없이 그리고 (거의) 직선으로 이 물체를 통과할 수 있어야 한다. 그러나 눈의 경우에는 햇빛이 수많은 작은 결정에 의해 산란하고 무지개색으로 갈라진다. 겨울철 햇빛이 비칠 때 산책을 하다 보면 가끔 땅에 쌓인 눈 표면에서 색깔 있는 점들이 반짝이는 것을 확인할 수 있다. 그리고 그 점들을 지나칠 때 점들의 색이 변하는 것을 볼 수 있다. 따라서 눈 표면으로부터 모든 색깔을 띤 수많은 빛이 우리 눈에 도달하고, 거기서 모두 섞여 중립적인 흰색이 되는 것이다.

전체적으로 보면 눈은 아주 훌륭한 빛 반사체이다. 눈은 거의 모든 가시광선뿐 아니라 비가시광선도 반사한다. 눈이 반사하는 비가시광선 중 한 가지가 열선인 적외선이다. 그래서 눈은 태양열을 조금만 흡수하기 때문에 산간지역의 눈은 햇빛이 드는 곳에서도 종종 초여름까지 남아 있을 수 있다. 게다가 증발냉각도 눈이 오래 남아 있는 데 한몫한다. 또한 눈은 위험하고 파장이 짧은 자외선도 반사한다. 따라서 햇빛에 의한 화상 위험은 겨울 스포츠를 즐길 때 특히 크다.

눈과 반대로 얼음덩어리는 빛을 모두 다 반사하는 것은 아니다. 얼음덩어리는 파장이 긴 적색 빛을 흡수하는 경향이 있다. 따라서 반사된 빛에는 파장이 더 짧은 청색광이 우세하게 나타난다. 그래서 특히 얼음굴과 빙하 틈에서는 반사된 빛이 종종 푸르스름한 색을 띠고 있다.

파란 하늘과 붉은 저녁노을도 유사한 방식으로 생성된다. 그 두 가지 색은 우리 지구를 둘러싸고 있는 대기 때문에 나타난다. 만약 대기가 없다면 하늘은 새까만 색일 것이다. 지상에 도달하기 전에 '날아가 버리는' 빛줄기들이 대기를 지나치면서 공기 분자, 먼지 입자, 물방울에 의해 산란한다. 모든 색은 자기만의 파장을 가진다. 적색광은 파장이 길다. 적색광은 마치 대회전활강(자이언트 슬라롬, giant slalom) 선수처럼 먼지 입자 사이로 빠져나간다. 반면에 파장이 훨씬 짧은 청색 광은 회전활강(슬라롬, slalom) 선수처럼 작은 커브들을 돌며 공간 속을 움직인다. 그래서 먼지 입자와 충돌해 방향이 바뀔 위험이 훨씬 크다. 그 때문에 우리가 하늘을 올려다볼 때 방향이 바뀐 수많은 청색 빛줄기들이 우리 눈에 들어옴으로써 푸른 색채의 인상을 만들어내는 것이다.

저녁 무렵에는 햇빛이 대기를 비스듬히 통과하기 때문에 우리 눈에 도달하기 전에 아주 먼 거리를 지나야 한다. 이 먼 거리를 이동하면서 수많은 청색 슬라롬 선수들이 충돌로 사라진다. 결국엔 붉은색을 띤 대회전활강 선수들이 더 많이 남게 된다. 해가 낮게 떠 있을수록 빛줄기가 대기를 통과하는 거리가 멀어진다. 그래서 일몰 직전에는 햇빛에서 파장이 가장 긴 빛이 더 많이 우리에게 도달하기 때문에 해가 진홍색으로 보인다.

눈(雪)은 빛과 달리 소리를 아주 잘 흡수한다. 눈이 많이 내릴 때와 그 직후에 나타나는 비현실적인 고요는 매번 참 인상 깊다. 이는 운전자들이 차의 타이어를 겨울용으로 교체하는 것을 잊어버렸기 때문에, 그래서 모두 차를 운행하지 않고 집에 세워두었기 때문에 길이 텅 비어서 그런 것만은 아니다. 막 새로 내린 눈은 특히 더 효과적인 흡음재이다. 눈 결정의 끝부분은 현미경으로나 볼 수 있을 만큼 작은 얼음 바늘처럼 생겼다. 음파가 눈에 도달하면 결정들은 미세하게 진동한다.

이때 가장 바깥에 있는 가는 얼음 바늘이 부러진다. 이렇게 소리에너지가 역학적 에너지로 전환되고, 눈은 소리를 '삼킨다'. 얼마 동안 시간이 지나면 바늘의 대부분은 부러지거나 높은 온도 때문에 녹아 버린다. 그러나 내린 지 오래된 눈은 소리를 잘 삼키지 못한다. 이미 녹았다가 다시 언 눈은 깊은 산속에서 심지어 겨울에도 메아리가 들릴 정도로 심하게 소리를 반사한다.

TIP

냉동실의 얼음 바늘

각얼음 틀을 깨끗이 씻은 후 스팀다리미에 사용하는 증류수를 붓고 냉동실에 넣는다. 운이 좋으면 각얼음 두 개 중 하나에서 바늘 모양의 가시가 솟아오른다. 이를 위해 가장 적당한 온도는 영하 8℃ 정도인데, 냉동실 온도는 보통 영하 18℃나 되어서 이 실험을 하기에는 온도가 너무 낮다.

매일 수백만 개의 각얼음이 만들어지지만 일반적으로 가시가 솟아나는 얼음은 없다. 그 이유는 무엇일까? 수돗물에는 응결핵으로 이용될 수 있는 수많은 미네랄 성분이 들어 있다. 수돗물은 온도가 0℃ 아래로 내려가면 얼기 시작하고, 물이

어는 과정은 비교적 천천히 그리고 별다른 볼거리 없이 진행된다. 그러나 증류수에는 응결핵이 거의 없다. 그래서 증류수는 어는점인 0℃ 이하로 내려가도 액체 상태로 유지된다. 그러다가 어떤 순간이 되면 얼음 틀의 벽이 응결핵 역할을 하고, 얼음 틀 안의 조그만 칸 안에 있던 물이 가장자리부터 얼기 시작한다. 그 과정에서 가운데 부분에는 조그만 구멍이 얼지 않은 상태로 남을 수 있다. 하지만, 결정격자의 기하 형태로 이 구멍은 종종 정삼각형의 완벽한 대칭 형태를 보인다. 잘 알려진 대로 물은 얼면서 부피가 약간 팽창한다. 그래서 얼음층은 점점 두꺼워지면서 그 밑에 있는 물을 밀어낸다. 밀려난 물이 갈 수 있는 유일한 곳이 바로 가운데 있는 아직 얼지 않은 조그만 구멍이다. 물은 그 구멍 위로 올라오면서 가장자리가 곧바로 얼고, 이렇게 해서 점점 더 위로 성장하는, 꼭 주삿바늘같이 생긴 얼음관이 형성된다. 이 얼음 바늘은 안쪽도 얼어서 더 이상 위로 올라가지 못할 때까지 최대 5센티미터가량 높이가 올라갈 수 있다. 자연에서도 아주 드물게 이런 얼음 바늘이 형성되고는 한다. 1963년 미국의 에리Erie 호수가 얼었을 때 무려 1.5미터 높이에 이르는 얼음 바늘이 발견되었다.

여기서 잠깐! 식당이나 주점에서 나오는 각얼음은 보통 유리처럼 투명한데 반해 집에서 직접 만드는 각얼음은 그 안이 대부분 흰색이면서 탁하다. 그 이유는 무엇일까? 얼음이 불

투명해지는 이유는 물속에 빛을 분산시키는 작은 기포들이 들어 있어서이다. 물을 얼리기 전에 끓여 주면 물속에 있는 기체의 대부분이 날아간다. 그리고 이 끓인 물을 얼리면 투명한 얼음이 된다. 자연에서 보는 고드름은 공기가 제때 빠져나갈 수 있을 만큼 천천히 안에서 바깥쪽으로 차례차례 언다. 이와 비슷하게 요식업계에서 사용하는 컵 모양의, 비교적 벽이 얇은 얼음 조각들은 0℃보다 약간 낮은 온도에서 천천히 얼려 만들어진다.

TIP

호텔방의 낭만적인 프랙털

매혹적인 프랙털 패턴을 꼭 살을 에는 듯 추운 겨울 산책길에서만 볼 수 있는 건 아니다. 저녁에 따뜻한 호텔방에 앉아서도 프랙털 패턴을 아주 쉽게 만들어낼 수 있다. 그러려면 순간순간 만들어지는 그림을 직접 보기 위해 TV에 바로 연결되는 비디오카메라 한 대가 필요하다. 무엇보다 낭만적인 분위기를 만들기에 가장 좋은 것이 촛불이다. 호텔방에 쉽게 뗄 수 있는 거울이 하나 있다면, 거울을 TV 앞에 눕혀놓고 그 위에 초를 세운다. 이제 카메라로 TV를 비추면 시각적 피드백(visual feedback)이 일어난다.

귀가 아플 만큼 '삐익~' 하는 날카로운 소리가 들리는 앰프의 음향 되울림acoustic feedback 효과는 이미 잘 알려져 있다. 모든 증폭장치에는 기본적인 소음이 있기 마련이지만, 평상시 제대로 조정이 되어 있는 상태에서는 이 소음이 거의 귀에 들리지 않을 정도로 작다. 하지만, 마이크가 스피커의 영향권 안에 들어오면 (또는 심지어 직접 스피커 앞에 마이크를 댈 경우) 소리가 단계적으로 돌고 돌면서 증폭되는 현상이 시작된다. 증폭장치의 기본 소음이 마이크를 통해 증폭기로 들어가고, 이 소리는 그 전보다 훨씬 더 큰 소리로 스피커를 통해 나온다. 그리고 이 소리는 다시 마이크로 들어가 또 증폭된다. 이렇게 해서 소음은 짧은 시간 내에 아주 높은 음량 수준에 도달한다. 동시에 마이크-증폭기-스피커 시스템은 아주 불쾌할 정도로 높은 소리만 최대치까지 증폭시키는 주파수 필터로 작용한다.

음향 되울림이 만들어내는 괴로운 소리와 달리 호텔방에서 만드는 시각적 피드백은 아주 낭만적인 분위기를 연출할 수 있다. 비디오카메라는 자기 스스로 만든 그림을 증폭시킨다. 연습만 약간 하면 카메라를 흔들어 주는 것과 줌인zoom in, 줌아웃zoom out 기능을 잘 사용해서 멋진 프랙털 패턴을 만들 수 있다. 이 피드백의 사이클마다 축소된 촛불 모양이 만들어진다. 그 결과 까만 TV 화면 속 어디론가 사라지는 무한히 많은 촛불을 볼 수 있다. 여기서 카메라를 리듬감 있게 흔들어 주면 화상처리 과정에서 발생하는 약간의 시차로 우아하게 캄캄한 열반의 세계로 사라져가는 파도 모양이 나타난다. 카메라를 조심스럽게 물구나무 세우면 회전하는 프랙털 패턴들이 나타나고, 적당한 줌을 선택하면 다채로운 색을 보이기까지 한다. 이 낭만적인 효과는 음악까지 받쳐 주면 더 배가된다. 본인이 만드는 프랙털 쇼를 관람하는 사람의 취향에 따라, 그리고 그 사람이 저속함에 대해 어느 정도 내성이 있는지에 따라 스타트랙 음악에서부터 환각적인 음악까지 모두 가능하다.

거울방의 프랙털

시각적 복제 현상은 비디오카메라와 같은 기술 장비 없이도 경험이 가능하다. 서로 마주 보는 거울 두 개만 있으면 충분하다. 처음 거울에 비친 그림이 나머지 축소된 복제품들을 다 덮어 버리지 않기 위해 두 거울을 완전히 평행하게 배치하지 않도록 한다. 비엔나에 위치한 음악협회Musikverein의 대연주회장인 황금홀로 올라가는 엘리베이터 안에 설치된 거울들은 평행하게 배치되어 있지 않아서, 그 엘리베이터에 타면 반짝반짝 깨끗하게 닦인 거울들을 통해 몇백 명으로 복제된 자기 모습을 볼 수 있다. 그런데 거울에 비친 모습은 왜 점점 작아지는 걸까?

관찰자가 한쪽 거울을 등지고 서 있으면, 얼굴에서 출발한 광선이 승강기 안을 한 번 가로지른 뒤 반대편 거울에 의해 반사되어서 다시 관찰자의 눈으로 돌아온다. 처음 거울에 비나르시스!
당신 또 내 거울로 실험하고 있는 건가요?

친 관찰자의 모습은 승강기 폭의 두 배만큼 멀리 떨어져 있는 것처럼 보인다. 반대편 거울에 반사되었던, 부채 모양으로 퍼져 나가는 빛줄기의 대부분은 관찰자 뒤에서 다시 반사되고 승강기 폭의 네 배에 해당하는 거리를 지나 눈에 들어온다. 눈에 들어온 상은 승강기 폭 네 배만큼 멀리 떨어져 있는 것처럼 보이고 따라서 더 작아져 있다. 빛줄기가 쉬지 않고 거울 사이를 왔다 갔다 하면서 매번 더 축소된 복제품을 만들어낸다. 그러나 이 경우 '화상처리 속도'는 비디오카메라와 달리 광속이고, 머리만 조금 움직여도 그 움직임이 별 시간 차이 없이 모든 복제품에게 전달된다. 따라서 열반의 세계로 들어가는 파도 모양 같은 것은 여기에서 나타나지 않는다.

스키점프 선수는 물리학자?

낭만적인 분위기에서 벗어나 이제 짜릿한 스릴을 한번 느껴보면 어떨까? 스릴을 즐기는 데에는 헬리스키(헬리콥터를 타고 설원에 가서 타는 스키)만 한 게 없다. 하지만, 가격이 너무 비싸고 헬리콥터 소음 때문에 환경적으로도 이론의 여지가 있어서 많은 지역에서는 금지되어 있다. 소음 피해에 대한 걱정 없이 마음 놓고 헬리스키를 즐길 수 있는 곳 중 하나가 사람이 거의 살지 않는 캐나다 서부 산간지대이다.

하지만, 확실한 아드레날린 분비를 위해 꼭 그렇게 멀리까지 가야 할 필요는 없다. 진짜 스키점프대에서 한 번 점프하는 것만으로도 충분한 스릴을 느낄 수 있고 아드레날린도 확실하게 분비된다. 그리고 무엇보다도 스키점프는 수많은 물리적 현상들이 연관되어 있다.

초보자를 위한 스키점프 강습을 제공하는 곳은 수없이 많다. 강습 프로그램은 자세한 입문 교육과 함께 점프 직전 다리가 후들거리는 순간에 차분하게 심리적 안정감을 갖도록 도와주는 일, 그리고 도약 시점과 비행궤도, 착지에 대한 전문적 분석 등을 포함한다. 이런 강습 프로그램에 참여하는 데에는 기껏해야 두 사람이 저녁 식사하는 비용 정도밖에 들지 않는다. 그러니 좀 특별한 생일 선물로, 특히 중년의 위기를 느끼는 가까운 사람이나 자기 자신에게 스키점프 강습 쿠폰을 선물해 보는 것도 나쁘지 않을 것 같다.

독일 튀링엔Thüringen 주 남부 라우샤Lauscha라는 소도시에 가면 기술의 힘을 빌려 스키점프 원리를 좀 더 쉽게 이해하도록 도와주는 강습 프로그램이 있다. 실제 점프대 위에 서기 전에 그곳에서 직접 개발한 3차원 시뮬레이터를 이용해 점프 연습을 하는 것이다. 초기 몇 번의 시도에서 착지 실패로 얻게 되는 부상도 물론 가상이다. 하지만, 언젠가는 가상이 아닌 진짜 점프대에 올라야 할 순간이 오고, 결국 출발대에 앉아 저 아래 까마득히 보이는 착지할 곳을 바라보게 된다. 스키점프대 경사면의 경사도는 34도에서 38도 사이이다.

듣기에는 그다지 심한 경사 같지 않다. 그런데 각도와 퍼센트를 혼동해서는 안 된다.

도로교통에서 경사율은 퍼센트로 표시된다. 10% 경사율이라 함은 도로의 수평거리 100미터에 수직거리가 10미터 낮아지는 걸 의미한다. 경사에 대한 주관적 지각은 상황에 따라 다르다. 자동차를 타고 있으면 15~20% 경사율만 되어도 가파르게 느껴진다. 예컨대 오스트리아의 잘츠부르크 주와 케른텐 주를 연결하는 알프스 고산지대의 산간도로 그로스글로크너 혹알펜슈트라세Großglockner-Hochalpenstraße에서 가장 가파른 구간의 경사율은 14%이다. (철도 선로의 최대 경사율은 1%에 훨씬 못 미친다. 그래서 대부분 천분율로 표시한다.) 걸어서 이동 중일 때, 급경사의 바위면 같은 곳에서 경사율이 30~40% 이상이 되면 바지야 어떻게 되건 앉아서 미끄러져 내려오고 싶은 생각이 간절해진다.

그런데 스키점프대 경사면의 경사율은 무려 70~80%에 이른다. 그러니 얼마나 가파르게 보이겠는가. 점프대에 서 있는 사람을 특히 더 불안하게 만드는 것은 한 번 출발하면 다시 되돌릴 수 없다는 사실이다. 출발대를 박차고 나가면 정해진 비탈길을 거슬러 올라 다시 반복하거나 제때 속도를 줄여 멈출 가능성은 전혀 없다. 이런 느낌은 크로스컨트리 스키 활주로의 가파른 내리막 구간에서도 경험할 수 있다.

사람들은 심한 경사를 쉽게 극복할 수 있는 기술을 상당히 일찍 발견했다. 가파르고 좁은 나무 계단과 사다리 위에서 우리는 경사를 완전히 다르게 지각한다. 계단의 경우 건축가들이 생각하는 이상적인 경사율은 60% 이하이다. 그러나 경사율이 100%(즉, 45도)여도 계단은 쉽게 오를 수 있다. 물론 손잡이가 필요하겠지만. 사다리를 이용하면 수직 구간(수학적으로 볼 때 경사도가 무한대) 또는 수직 이상으로 경사진 구간도 오르내릴 수 있다.

이제 다시 무릎을 후들거리게 만드는 38도 경사진 스키점프대의 비탈길로 돌아가 보자. 스키점프 대회에서 중요한 것은 가능한 한 높은 속도를 내는 것이다. 이는 힘찬 출발, 공기저항을 최소화하는 낮게 구부린 자세, 그리고 최적의 스키 왁스에 달려 있다.

속도가 높아지면 공기저항의 영향도 점점 커지는데, 수학적으로 이야기하자면 공기마찰은 속도의 2제곱으로 커진다. 따라서 스키점프 선수들은 공기저항을 받는 면적을 최소화하는 최적의 웅크린 자세를 찾기 위해 많은 시간을 일명 윈드터널wind tunnel, 즉 풍동(風洞)에서 보낸다. 여기서의 훈련을 통해 최종속도를 약간 더 높일 수 있다.

스키점프를 할 때 특히 중요한 것은 도약 직전과 도약 순간이다. 도약대의 끝은 완만한 경사를 이루는데, 이 지점의 경사는 10도 정도에 불과하다. 그런데 라지힐(비행기준거리가 긴 종목. 일반적으로 120m)에서는 도약대 끝에서의 속도가 거의 시속 100km에 달한다. 여기서 활강해 내려오는 경사면의 곡선에 의해 강한 원심력이 작용한다. 다시 말해 도약대 끝부분에서

배트맨을 위한 도약대 설계
저작권은 조커에게 있음

점프하는 사람을 땅으로 내리누르는 힘이 작용하는 것이다. 이 힘에 대항하기 위해 선수는 정확한 순간에 몸을 일으키면서 모든 힘을 다해 도약해야 한다. 세계적 수준의 스키점프 선수들은 도약 시의 힘을 통해 10도 경사진 도약대 끝부분에서 처음에는 거의 수평인 비행궤도로 차고 나간다. 이것이 다가 아니다. 도약과 동시에 일으킨 몸은 약간의 회전을 통해 곧바로 비행 초기 단계에 상체를 앞으로 강하게 숙여 발에 신은 스키와 거의 평행한 자세를 취해야 한다.

복잡한 최적화 과제

스키점프 선수는 직관적으로, 그리고 오랜 훈련을 토대로 아주 복잡한 물리적 최적화 문제를 푸는 것과 마찬가지이다. 선수는 도약 시점에 이미 비행단계에서 신체에 작용하는 공기저항이 얼마가 될지 추측해야만 한다. 회전모멘트(즉, 회전할 때 발생하는 힘)는 신체의 전방운동이 공기저항의 제동 효과로 인해 정확히 최적의 자세에서 정지할 정도로 커야 한다. 이래야만 양력이 충분히 이용될 수 있다. 자세가 몇십분의 1도라도 최적의 자세에서 벗어나면 비행거리가 현저히 줄어들 수 있다. 비행 중에 신체의 자세각을 수정하는 것은 손을 이용해서 아주 제한적으로만 가능하다.

최적화 과제는 전체 비행단계 중에 계속된다. 중력은 점프

하는 사람을 수직으로 아래로 잡아당긴다. 여기에 대항할 수 있는 것은 수직으로 위로 작용하는 양력뿐이다. 하지만, 양력이 크면 동시에 공기저항으로 인한 제동 효과도 크다. 양력과 제동 효과 간에 최적의 타협점을 찾는 사람만이 결국 가장 멀리 날 수 있다. 이 최적화 과제를 풀기 위한 컴퓨터 모델을 만드는 것은 매우 어렵다. 일단 계산 시간이 굉장히 오래 걸리고 갑작스런 돌풍과 같은 외부 방해요소를 극복할 수가 없다. 스키점프 선수는 이 과제를 '실시간'으로 1초보다도 훨씬 짧은 시간 안에 해결한다. 세계적인 선수들은 심지어 갑작스런 돌풍도 자신에게 유리하게 이용해서 비행거리를 더 늘리기도 한다.

티롤에서 온 마법의 바지

스키점프가 스포츠 종목으로 처음 도입되었을 당시에는 선수들이 거의 상체를 세운 자세로 도약을 했고 균형을 잡기 위해(혹은 불안을 떨치기 위해) 양팔을 노 젓듯이 세게 저었다. 그러다가 1950년대부터 비로소 손을 바지의 솔기 부분에 댄 차려 자세로 날기 시작했다. 그리고 바로 그 당시 이용되었던 바지가 한동안 집중적인 관심을 받았다.

티롤 지역에 사는 재봉사 셉 라인알터Sepp Reinalter는 수십 년 동안 수많은 스키어들의 패션을 대표했던 발목 부분이 좁은 스키바지만 발명한 것이 아니다. 1970년대에는 오스트리아 스키점프 대표팀을 위해 공기가 투과하지 않는 재질로 만들어진 첨단 스키점프 슈트를 만들었다. 그럼으로써 1975년에 칼 슈나블Karl Schnabl, 토니 이나우어Toni Innauer를 중심으로 한 오스트리아 대표팀이 갑자기 모든 경쟁자를 제치고 승승장구하면서 기적의 팀이라고 불리게 되는 데 한몫을 했다. 또한 이후 속옷과 스키고글에 이르기까지 스키점프 복장 규정이 더욱 강화되는 계기가 되기도 했다.

2008년 오스트리아 스키점프팀이 다시 압도적인 기량을 과시했다. 그러자 다른 국가의 팀들이 오스트리아팀이 금지된 재질로 만든 복장을 이용했다는 소문을 퍼뜨렸다. 심지어 당시 '슈트 도핑'이란 개념까지 만들어졌다. 오스트리아 대표팀의 슈트를 담당했던 재봉사는 슈트에 사용된 재질이 정확히 규정에 부합한다고 공식적으로 입장을 표명하기까지 했다. 오스트리아 선수들이 다른 선수들보다 뛰어난 기량을 보일 수 있었던 이유 중 하나는 슈트를 각 선수의 신체에 맞추어 밀리미터까지 정확하게 제작했기 때문이라는 것이다. 그리고 이런 식의 특수 제작이 선수들에게 심리적으로도 긍정적인 작용을 했을 것이라는 설명이었다.

V자 활공 자세의 혁명

물리적 최적화 과제와 관련해 특히 창의적인 해법 중 하나는 1986년 스웨덴의 얀 보클뢰브Jan Boklöv가 제공하였다. 보클뢰브는 그 이전까지는 평균 수준의 성적을 내는 선수에 지나지 않았다. 그러던 어느 날 점프 훈련을 하던 보클뢰브는 활공 중 잠시 균형이 흐트러졌다. 그는 다시 균형을 잡기 위해 스키 앞부분을 약간 바깥쪽으로 벌렸고, 이 덕분에 다른 선수들보다 더 멀리 날 수 있었다. 비록 자세 점수는 좋지 않았지만(판단기준이 항상 주관적이긴 하지만 스키점프에서는 비행거리뿐 아니라 자세도 중요하다) 보클뢰브는 계속 V자 자세를 고수하였으며, 그 자세를 더욱 체계적으로 훈련하였다. 결국 보클뢰브는 1989년 세계선수권 대회에서 우승하였다. 그 이후 몇 시즌 지나지 않아 세계 선두권에 있는 모든 선수들이 활공 자세를 V자로 바꾸었고, 보클뢰브는 더 이상 최고 기록을 내지 못하게 되었다. 그리고 1992년에는 스포츠계 인사들도 반응을 보여 경기 규정을 변경함으로써 V자 자세에 대한 감점이 사라지게 되었다.

그럼 V자 활공 자세에 숨은 비밀은 무엇일까? 스키 앞부분을 바깥쪽으로 벌리면 공기의 저항을 받는 면적이 커진다. 이렇게 되면 비행속도가 줄어들기는 하지만, 다른 한편 양력이 훨씬 커진다. 여기에 한 가지 장점이 더 있다. 활공단계의 마지막에 비행궤도가 거의 수직으로 아래로 향할 때면 V자 자세 때문에 공기저항이 더 큰 것이 오히려 유리하다. 공기저항이 크면 하강비행에 제동이 걸리고, 그러면서 속도의 수평분력에서 마지막으로 남아 있던 분력들이 사용되어 몇 미터 더 멀리 날아갈 수 있다.

활공 자세가 11자에서 V자로 바뀐 뒤 초반 몇 년 동안에는 너무 과장된 자세 때문에 균형이 깨져 선수들이 추락하는 경우가 종종 있었다. 그 원인은 광범위한 윈드터널(풍동) 테스트를 통해 찾을 수 있었다.[13] 바인딩이 너무 뒤쪽에 탑재되어 있어 불안정한 비행특성을 보인 것이다. 그리고 그 이후 바인딩에서부터 스키 앞쪽 끝까지의 최대 길이에 관한 규정을 마련함으로써 추락의 위험을 방지할 수 있었다.

스키점프는 오랫동안 남자들만의 스포츠로 여겨져 왔지만 이제는 뛰어난 여자 스키점프 선수들도 있다. 현재 비행거리 세계기록을 가지고 있는 여자 선수는 오스트리아의 다니엘라 이라슈코Daniela Iraschko인데, 그녀는 200미터 기록을 가지고 있다. 2009년에는 처음으로 여자 스키점프 세계선수권 대회도 열렸으며, 얼마 안 있으면 동계올림픽 정식 종목으로도 채택되리라고 본다.

티롤 주 뵈르글Wörgl이라는 지역에서는 여름에도 스키점프를 즐길 수 있다. 점프대의 경사면은 세라믹으로 이루어져 있고, 착지점에는 인조 잔디 매트가 깔려 있다. 세라믹은 그

13) 스키판에 신을 고정하기 위한 죔쇠

마찰특성이 겨울철 눈 덮인 점프대와 아주 비슷하다. 그리고 인조 잔디 매트에서는 완벽한 [14]텔레마크 착지도 가능하고, 설사 넘어지더라도 눈밭에 착지하는 것만큼 안전하다. 스키점프에 관심 있는 사람이라면 이제 겨울뿐 아니라 일 년 내내 스키점프를 즐기고 훈련할 수 있다.

보디플라잉

스키점프대에서 느끼는 스릴이 짜릿함보다는 공포에 가까운 사람이라면 하늘을 나는 기분을 경험할 또 다른 기회가 있다. 독일 루르 지역에 위치한 보트롭Bottrop 시에는 일 년 내내 인공눈 위에서 스키를 즐길 수 있는, 세계에서 슬로프가 가장 긴 실내 스키장이 있다. 그뿐만 아니라 보트롭에는 최근에 보디플라잉body flying 시설도 생겼다. 사실 보디플라잉에 대한 아이디어는 아주 단순한데, 이 시설도 단순한 구상의 결과였다.

이스라엘 남부 국경지대에 위치한 도시 에일랏Eilat에서 한 퇴역군인이 비행기 동력장치를 강철구조물 위에 수직으로 설치했다. 엔진이 수직으로 서 있는 관을 통해 공기를 강하게 불어 넣는데, 이때 관 속을 통과하는 공기의 풍속이 무려 시

14) telemark. 몸을 곧추세우고 양팔을 벌린 채 한쪽 무릎을 굽혀 충격을 흡수하는 자세를 취하는 것

속 200km에 달한다. 이 정도의 풍속이면 사람이 관 속으로 뛰어들어도 떨어지지 않고 충분히 날 수 있다. 여기에 딱 한 가지 어려운 점이 있는데, 이를 설명하기 위해서는 유체역학의 기본개념들을 따져볼 필요가 있다.

도나우 강과 산속을 흐르는 시내의 유동 형태flow pattern 사이에는 어떤 차이가 있을까? 개별 물방울의 움직임을 보면, 도나우 강을 구성하는 각각의 물방울들은 수많은 평행한 직선들을 만들어낸다. 그러나 산골짜기 시냇물의 물방울들은 각각 소용돌이치며 혼란스러운 흐름을 보인다. 그러니까 도나우 강은 평행하게 층을 이루는, 이른바 층류(層流, laminar flow)의 전형적인 예이다. 반대로 산골짜기 시냇물은 난류(亂流, turbulent flow)의 전형이다. 강과 시냇물 바닥의 상태를 따지지 않고 간단히 말하면 유체 흐름의 종류는 유동속도와 강폭에 달려 있다. 천천히 흐르는 물은 층류이나, 특정한 임계속도에 도달하면 난류로 바뀐다. 여타의 방해요소가 없을 경우, 강의 폭이 넓을수록 층류가 가능한 임계속도는 높아진다.

보디플라잉 시설에서 비행기 동력장치 뒤에 있는 공기의 흐름은 난류이다. 헤어드라이어 뒤쪽도 마찬가지이다. 따라서 공기의 흐름이 아주 불안정하며 세로축을 중심으로 회전한다. 이 모든 것이 보디플라잉을 할 때에 상쇄되어야 한다. 그러나 초보자는 이것이 불가능하다. 능숙하고 경험 많은 스카이다이버도 보디플라잉 시설을 제대로 이용하기까지 얼마간 시간이 필요하다. 이 모든 것을 다 떠나서 관 속은 견디기 힘들 정도로 시끄럽다. 그리고 비행기 엔진이 주변의 모든 것을 다 빨아들이기 때문에 관 안에 있으면 마치 모래분사기 안에 있는 것 같다.

보트롭에 있는 보디플라잉 시설에서는 이런 어려움들을 피하기 위해 이미 충분히 무르익은 설비를 사용한다. 바로 수직으로 설치된 윈드터널이다. 윈드터널은 닫힌 형태이기 때문에 내부의 공기는 순환한다. 터널과 송풍기의 특수한 기하 형태와 추가로 설치된 정류기로 내부 공기는 거의 소용돌이 없이 시속 200km까지 가속화될 수 있다. 따라서 초보자도 별 어려움 없이 보디플라잉이 가능하고, 손을 최소한으로 움직여서 공기 흐름 속에 떠 있는 신체를 완전히 통제하고 조종할 수 있다.

일단 한 시간 반 동안 여러 가지 사항에 대한 교육을 받은 후 6분 동안 보디플라잉을 즐기게 된다. 이 보디플라잉 시설의 운영자는 실제 보디플라잉 시간이 이렇게 짧은 것에 대한 설명으로 4,000미터 상공에서 스카이다이빙을 할 경우 자유낙하 시간은 채 1분이 안 되며, 그래서 보디플라잉이 스카이다이빙 자유낙하보다 시간이 여섯 배나 더 길다고 말한다. 게다가 스카이다이빙의 경우 극복해야 할 것이나 훈련도 더 많이 필요하다는 것이다. 어쨌든 현재 비엔나 근방을 비롯해 여러 지역에 보디플라잉 시설 설치 계획이 추진되고 있는 것을 보면 보디플라잉 시설이 상당히 성공할 가능성이 있는 사업 모델인 것 같다.

왁스냐 아니냐, 그것이 문제로다

다시 겨울 스포츠의 고전인 스키로 돌아가자. 스키와 왁스, 그리고 눈의 상호작용은 어떻게 일어날까? 눈 위를 잘 미끄러지는 스키의 활주성은 무엇으로 설명할 수 있을까?

스케이트에 대해서는 이미 널리 알려진 설명이 있다. 바로 압력융해pressure melting이다. 잘 갈아놓은 스케이트 날은 칼처럼 날카로운 모서리 부분만 얼음과 접촉한다. 따라서 스케이트를 타는 사람의 체중이 아주 적은 면적에 집중된다. 이것이 무엇을 의미하는지는 하이힐 굽에 밟혀본 사람이라면 누구나 알 것이다. 바로 매우 높은 압력이다. 설사 아주 추운 영하의 날씨일지라도 이 압력 때문에 얼음이 단시간에 녹아 얼음판 위에 얇은 수막을 형성하고, 이 수막 위로 스케이트 날은 최소한의 마찰과 함께 미끄러지듯 나아갈 수 있다. 여기까지는 충분히 이해가 된다. 하지만, 유감스럽게도 완전히 맞는 말은 아니다.

얼음판 위의 미끄러짐에 대해 과학적인 설명을 찾으려는 진지한 첫 시도는 19세기 말경에 있었다. 현대 유체역학의 창시자인 오즈본 레이놀즈Osborne Reynolds는 당시 다음과 같이 이야기하였다. "지금까지는 얼음이 가진 특별한 성질의 물리학적 의미에 대한 호기심이 많지 않거나 아예 없었던 것 같다. 나 자신을 생각해 보면 그 이유를 쉽게 알 수 있다. 얼음은 내가 태어났을 때에도 미끄러웠다. 그렇지 않은 얼음은 본적이 없다. 그리고 요약하자면, 얼음은 얼음이었기 때문에 미끄러웠다."

레이놀즈는 이미 전동장치 내 기름의 윤활작용에 대해 철저하게 연구한 상태였다. 그래서 얇은 수막이 얼음과 스케이트 날 사이의 마찰을 극히 낮아지게 만든다고 생각하였다. 그런데 수막은 어떻게 생겨나는 것일까?

압력이 높아지면 얼음의 녹는점이 0℃ 이하로 내려간다는 건 맞다. 그러나 간단한 어림 계산만으로도 압력융해만이 유일한 원인이 아니라는 사실을 충분히 증명할 수 있다. 기온이 영하 20℃ 아래로 내려가면 압력융해의 영향은 너무 미미해서 실질적으로 더 이상 물이 생기지 않을 것이다. 이것은 날씨가 너무 추워지면 스케이트를 타는 것이 훨씬 힘이 들 것이란 이야기가 된다. 만약 압력융해가 얼음이 녹는 것과 관련이 있는 유일한 메커니즘이라면 스케이트를 신고 얼음판에 그냥 서 있을 때에도 스케이트 날 밑에 점점 더 많은 물이 생기고, 결국 날이 얼음 속으로 가라앉게 될 것이다. 압력융해의 옹호자들은 반론으로 다음과 같은 간단한 실험을 제시한다.

TIP

얼음 속 철사

구리철사를 얼음덩어리 위에 올려놓고 얼음덩어리 바깥으로 나와 있는 철사의 양쪽 끝에 추를 하나씩 매단다. 몇 시간 안에 철사는 얼음 안으로 파고들지만 그렇다고 얼음을 완전히 절단하지는 않을 것이다. 그 이유는 철사와 접촉하는 부분의 얼음이 금방 녹기 시작하고, 철사를 통과시키면서 다시 얼기 때문이다. 그런데 이것이 과연 높은 압력 때문일까? 아니다! 같은 실험을 한 번 더 실시하자. 이번에는 구리철사와 똑같은 두께를 가진 나일론 줄을 사용한다. 얼음에 작용하는 압력은 똑같지만, 그럼에도 이번에는 아무 일도 일어나지 않는다. 얼음이 녹는 진짜 이유는 구리의 열전도도가 좋기 때문이다. 철사가 바깥쪽에 놓여 있는 철사 끝부분(그리고 거기에 매달린 추)의 열을 얼음에 전달하고, 이렇게 얼음의 부분적인 용해를 가능하게 만든다. 이와 달리 나일론은 좋은 열전도체가 아니라서 얼음을 파고들어갈 가능성이 없다.

수막은 어떻게 형성될까?

압력이 단지 미미한 역할만 하는 것이라면 스케이트 날 아래 수막을 만드는 것은 누구의 짓일까? 손바닥을 서로 힘차게 비벼보면 그 답을 알 수 있다. 그렇다. 바로 마찰열이 범인이다. 손바닥을 비비면 우리가 충분히 느낄 수 있을 만큼 금방 따뜻해지는 것처럼 스케이트 날이 빙판 표면을 지날 때에도 열이 발생한다. 이 열은 이론적으로 보통의 스케이트 타는

이 '슈퍼 울트라 메가 왁스' 덕분에
경기가 슈퍼 울트라 메가로 잘 풀렸어요!
슈퍼 울트라 메가 왁스
슈퍼 울트라 왁스
슈퍼 왁스
1
2
3

사람 밑에 약 12mm^{3}의 물이 생기게 할 정도의 열이다. 이 정도면 스케이트 날 밑에 약 80마이크로미터 두께, 즉 머리카락 하나보다 조금 더 얇은 물층이 생기는 것이다. 실제로는 물의 층이 이보다 더 얇다. 그 이유는 전체 마찰열이 모두 얼음을 녹이는 데 사용될 수 없고, 또 물이 부분적으로 옆으로 밀려 나가기 때문이다.

이용 가능한 열의 양은 무엇보다도 스케이트 날의 속도에 의해 좌우된다. 천천히 활주할 때에는 열이 얼음으로 이동할 수 있는 시간이 더 많아지고, 그러면서 열의 일부는 얼음을 녹이는 데 이용되지 않고 사라진다. 제대로 속도를 내서 얼음 위를 활주해야만 마찰열이 거의 모두 사용되어 물층이 더 두꺼워지고 마찰은 현저히 줄어든다. 하지만, 활주 속도가 더 빨라지면 다시 안 좋아진다. 물층의 두께는 더 늘어나지 않는 데 비해 마찰은 속도와 함께 선형적으로 증가하기 때문이다. 실험을 통해 이런 최적의 속도 영역을 규정할 수 있다. 따라서 스케이트 디자이너의 과제는 최소 마찰의 최적 영역이 정확히 원하는 속도 영역 안에 들어가도록 스케이트 날의 형태와 재질을 선택하는 것이다. 이를 통해 경기에서 기록을 몇 초 더 단축할 수 있다.

스케이트를 움직이는 데 필요한 힘(정지마찰)과 활주 중의 마찰(운동마찰)과의 큰 차이도 마찰열 때문에 수막이 형성된다는 설명을 뒷받침한다. 서 있을 때에는 윤활제 역할을 하는 수막이 없다. 이 수막은 움직임이 있어야만 생겨나고, 따라서 얼음 위에서의 운동마찰력은 이상적인 경우 정지마찰력의 100분의 1 정도이다.

이것으로 왜 신발을 신고 얼음 위를 쉽게 걸어갈 수 있는지도 분명해졌다. 신발의 고무 밑창과 빙판 사이의 정지마찰은 얼음 위를 적당한 속도로 걸어갈 수 있을 만큼 충분히 크다. 하지만, 한쪽 발이 너무 빨리 움직이는 일이 일어나면 어떻게 될까? 그러면 그 발은 정지마찰력을 넘어서고, 마찰열은 여기서도 그 고약한 수막을 만들어내면서 결국 엉덩이에 시퍼런 멍이 드는 결과로 이어지게 된다.

압력융해 현상은 분명히 존재하지만, 그 현상이 스케이트를 타는 데 기여하는 바는 그 영향을 간과해도 좋을 만큼 작다. 가끔 관련이 있는 또 다른 작용은 이른바 표면의 융해이다. 원자들이 일정한 결정구조로 배치된 고체(얼음)가 주변을 둘러싸고 있는 기체, 즉 분자들이 자유롭게 공간에서 움직일 수 있는 기체(수증기를 포함하는 공기)로 상태가 변화하는 것은 결코 칼로 자르듯이 단번에 빠르게 이루어지는 것이 아니다. 고체 표면에는 더 이상 일정한 구조에 매여 있지 않은 몇 개의 분자층이 있다. 이 분자들은 고체 표면에서 자유롭게 움직일 수 있지만, 그럼에도 아무렇게나 그 표면을 떠날 수는 없다. 이들은 거의 액체와 같은 상태로 물컵 안에 있는 물 분자들과 아주 유사하다. 몇몇 학자들은 이 분자층이 스케이트를 탈 때의 작은 마찰과 어느 정도 관련이 있다고 본다. 하지만, 이 층의 두께는 마찰에 의해 융해된 층의 약 천분의 일 정도밖에 되지 않기 때문에 그 영향은 아주 미미하다.

거친 스키 표면이 날카로운 눈 결정 위로 미끄러진다?

얼음 위에서의 스케이팅과 관련된 문제는 이제 어느 정도 이해가 되었다. 그런데 스키는 어떻게 눈 위를 미끄러지는 걸까? 얇고 길쭉한 판 위에 올라타고—스키 타기에 충분히 능숙한 상태이고 그만큼의 용기도 있다는 것을 전제로—시속 140km까지 속도를 내는 게 어떻게 가능할까? 스키 속도 세계기록은 심지어 시속 250km가 조금 넘는다. 그리고 이렇게 속도를 내는 데 스키 왁스는 어떤 역할을 할까?

첫눈에 보기에 스키 표면은 그냥 매끄러워 보인다. 하지만, 현미경으로 확대해 들여다보면 진실을 알 수 있다. 적절한 확대 배수로 살펴보면 석회암으로 인해 발달하는 카르스트지형의 고원지대를 생각나게 하는, 균열이 많은 표면을 볼 수 있다. 그 수많은 균열에 날카로운 얼음과 눈 결정이 쐐기처럼 박혀 들어가서 미끄러짐을 방해할 것 같은 모습이다. 실제로 영하 25℃ 이하의 기온에서는 그런 경우가 나타난다. 경험에 의하면 극도로 차갑고 건조한 눈에서는 스키의 활주성이 현저히 낮아진다. 눈이 녹아 물이 형성되는 것이 더 이상 불가능하고, 그래서 스키 활주면이 직접 단단한 눈 결정 위를 긁어 버린다.

모래언덕에서 스키 타기

그렇다면 이것은 모로코로 날아가 모래언덕에서 스키를 타는 것과 별반 다르지 않다. 모래언덕을 오르는 일이 땀도 나고 좀 힘들겠지만 그 대신 추위에 떨거나 손과 발, 코가 얼어 고생할 필요가 없다. 모래 위에서 스키를 타는 느낌은 실제로 단단하고 차가운 눈 위에서 타는 느낌과 아주 비슷하다. 정말 빠른 속도를 내지는 못하지만 적어도 낙타가 놀란 눈으로 쳐다볼 정도는 될 것이다.

아주 차가운 눈에서는 어떤 스키 왁스를 사용하는 것이 좋을까? 눈 결정체가 왁스층에 파고드는 것을 막기 위해서는 가능한 한 단단한 왁스가 좋다. 스키 왁스는 석유나 콜타르에서 얻을 수 있는 고리 형태의 탄화수소 분자들로 이루어져 있다. 옆으로 뻗어나간 가지 없이 길게 연결된 분자들은 서로 평행하게 정렬할 수 있고, 이로 인해 서로 강하게 연결되어 있다. 이러한 연결 형태를 가지고 있는 것이 비교적 높은 기온에서 녹기 시작하는 왁스로, 아주 단단한 이 왁스는 차갑고 건조한 눈에 사용하기에 이상적이다. 반대로 옆으로 가지가 뻗어나가 있고 길이가 더 짧으며 L자 형태를 가진 분자들을 사용하면 서로 단단하게 연결되지 않아 좀 부드러운 왁스가 된다.

스키 왁스의 신비주의

스키 왁스의 작용 방식에 관해 발표된 학술 논문이나 연구 결과는 거의 없다. 그런 연구나 조사가 있었다 하더라도 어쨌든 결과는 왁스 생산업체들이 공개하지 않는다. 그러니 우리는 여기서 어떤 신비주의 학문을 다루고 있는 것이다. 생산자들은 자기들이 만드는 마법의 약이 어떤 신비한 성분들로 이루어져 있는지 공개하지 않고, 스키 선수들도 개별 상황에 따라 이상적인 왁스를 선택할 때 남들에게 그 정보를 알려주지 않는다. 시중에는 적용 분야별로 수많은 종류의 왁스들이 나와 있다. 왁스의 색은 구성성분과는 아무런 관계가 없다. 단지 해당 왁스가 적용되는 온도 범위를 표시해 주는 것이다. 왁스의 다양한 색은 일부분 단순한 마케팅 전략일 뿐이다. 한번은 화학분석을 통해 한 생산업체가 완전히 동일한 왁스를 두 가지 다른 색깔로 제공하고 있고, 그 두 종류를 서로 다른 온도에 사용하도록 권하고 있다는 것이 알려진 적이 있다. 그리고 이 세상에서 스키를 보관해 놓은 지하실과 창고마다 사용하지 않은 채 먼지만 쌓여가고 있는 왁스가 몇 통씩 굴러다닌다는 사실도…….

알파인스키의 경우에는 현실적으로 두 가지 혹은 최대 세 가지 종류의 왁스만 있으면 충분하다. 강추위에 사용되는 하드 왁스 외에 따뜻한 날씨일 때 사용하는 조금 더 부드러운 왁스가 필요하다. 날씨가 조금 따뜻한 경우에는 스키뿐 아니라 눈의 표면도 거칠고 균열이 있다. 눈과 스키가 맞닿는 부분, 그러니까 각각 가장 높게 융기된 지점마다 눈이 녹은 물에 의해 아주 얇은 수막층이 생긴다. 이 때문에 눈과 스키에서 융기된 지점들이 비교적 쉽게 서로 미끄러져 지나치게 된다. 여기에서도 스케이트의 경우처럼 마찰열에 의해 눈 녹은 물이 생긴다. 부드러운 왁스는 마찰열을 더 많이 발생시키고 눈의 온도가 적당할 때 최고의 활주성이 나타나도록 한다.

이와 달리 수막이 점점이 있지 않고 전면에 다 있을 경우는 활주성이 나쁘다. 봄에 눈이 반쯤 녹아 질척거리는 슬로프에서 스키를 타 본 사람이라면 이런 사실을 직접 몸으로 느꼈을 것이다. 바인딩이 거의 스키에서 분리될 정도로 급작스럽게 제동이 걸린다. 이것은 바로 모세관 힘capillary force 때문이다. 물방울이 유리창에 달라붙어 있거나 풀줄기 두 개가 서로 놀라우리만큼 강하게 붙어 있는 것도 바로 모세관 힘의 작용 때문이다.

불소를 함유한 첨가물을 스키 왁스에 섞으면 젖은 눈에서의 활주성을 개선할 수 있다. 이때 어떤 메커니즘이 작용하는지는 아직 상세하게 알려지지 않고 있다. 최근 공개된 한 물리화학 연구 결과에는 첨가물에 의해 스키 활주면의 방수력이 더 커진다는 사실만 언급되어 있다. 그리고 왁스에 불소가 얼마나 함유되는 것이 최적의 조건인지도 확실하게 조사되어 있지 않다(아니면 경제적인 이유 때문에 의식적으로 그 부분에 대해 침묵한 것일 수도 있다). 따라서 이 문제는 과학적으로 보면 1980년대에 충치예방을 위해 (다소 강제적으로) 초등학교 학생들에게 불소 알약을 복용시켰던 것과 비슷하게 논쟁의 여지가 있다. 나는 지금도 당시 불소 알약을 나눠주는 역할을 맡으려고 지나치게 열성적으로 나섰던 한 친구를 생각하면 약간 등골이 오싹하다. 그 친구의 땀으로 젖은 손바닥에서 작고 하얀 알약을 집어 올릴 때면 모세관 힘의 작용 때문에 쉽지 않았던 기억이 난다. 그리고 그때 함께 배양되었을 수많은 미생물들을 생각하면 아마 생화학자들이 많은 관심을 보이지 않았을까 싶다. 혹시 그 이유 때문에 내가 그동안 그렇게 열심히 치과를 다녀야 했고, 치과의사의 스키 여행 비용을 몇 번씩 보태준 꼴이 된 건 아닐까?

아니면 이도 저도 아닌 다른 이유가?

눈이 녹아 만들어진 스키 밑 수막의 두께는 이미 1980년대 초에 오스트리아 인스부르크 대학에서 비교적 간단한 전기 측정 방법으로 직접 조사했다. 이로써 눈 녹은 물이 윤활제로 작용해 스키의 활주성을 좋게 한다는 널리 퍼져 있던 명제가 실험을 통해 확인되었다. 그런데도 오스트리아 그라츠Graz 대학 물리학자들은 그 사실을 더 정확하게 증명하고 싶어서 몇 년 전 측정 장치를 하나 개발하였다. 그들은 직접 제작한 투명한 스키를 눈이나 얼음으로 덮인 빠르게 회전하는 판 위에 눌렀다. 그리고 강한 에어컨을 작동시켜서 실험실에 항상 겨울철 기온이 유지되도록 하였다.

이제 정밀한 레이저 광선을 스키에 통과시켜서 눈 표면에서 반사되도록 한다. 눈은 비록 빛의 거의 모든 스펙트럼을 다시 반사하기는 하지만 어느 정도(특정 주파수 영역)는 보존하고 흡수한다. 레이저 광선의 강도는 당연히 측정 결과에 영향을 미칠 만큼 눈을 가열하지 않도록 낮게 선택한다. 민감한 센서들을 이용해서 원래 레이저 광선 중 반사되는 빛이 얼마나 강한 강도로 반사되어 돌아오는지 정확하게 측정할 수 있다. 이렇게 반사된 빛을 분석하여 스키 밑의 수분이 단단한 고체 상태에서만(눈, 얼음) 나타나는지, 아니면 어딘가에 단지 짧은 시간뿐이라도 액체 상태의 물이 생기는지를 알 수 있다.

측정 후 놀라운 결과가 나왔다. 스키에 작용하는 압력이 평균적인 스키어의 몸무게에 해당하고 마이크로미터 수준으로 정확한 측정이 가능한데도 액체 상태인 물의 흔적은 전혀 없었다. 이런 결과를 어떻게 해석해야 할까? 무엇이 진실일까? 이 질문은 쉽게 대답할 수 없을 때가 많다. 그라츠 대학의 연구팀은 그들의 측정방법이 신뢰할 수 있는 결과를 제공했고 그런 구체적인 실험구조에서 실제로 수막이 나타나지 않았다고 확신한다. 그러나 연구팀은 현실 조건에서, 그리고 눈의 농도가 다른 상황에서는 눈이 녹는 일이 일어날 수도 있다는 것을 배제하지 않는다. 확실한 것은 이 실험에서 수막 없이 마찰이 적은 미끄러짐이 가능했다는 것이다. 그러니 또 다른 어떤 현상이 이를 가능하게 했다는 이야기다.

그라츠 대학의 물리학자들은 실험 결과의 해석을 스키에서 마찰에너지가 일차적으로 열로 전환되는 것이 아니라 변형작업으로 전환된다는 데에서 출발한다. 위로 굽어진 스키 앞부분이 눈을 먼저 압축하거나 측면으로 밀어낸다. 그런 다음 '그 위로 미끄러질 때' 눈 결정체가 미소하게 역학적 변형, 즉 일종의 눈 표면 개량을 일으킨다. 스키 활주면 앞부분이 나머지 부분으로 하여금 쉽게 눈 위를 미끄러지도록 말하자면 눈을 매끄럽게 다듬어 준다는 말이다. 비록 스펙트럼 측정방법의 성능에 대해 아무도 의심하지 않지만, 스키의 활주성에 대한 새로운 명제들은 학계에서 그다지 큰 반향을 얻지 못했다. 어쩌면 그런 예상치 못한 결과에는 아주 간단한 원인이 있을 수 있다. 스키 슬로프에서는 마찰열이 적극적인 지원을 받는다. 태양빛이 눈 속에서 분산되고 스키에 의해 흡수되면서 추가적으로 눈을 가열한다. 그러나 실험실에는 태양이 없고 따라서 이렇게 눈이 녹는 것을 도와줄 것이 아무것도 없다. 어쩌면 이것이 그라츠 대학 실험실에서 눈 녹은 물을 찾을 수 없었던 이유였을지도 모른다.

크로스컨트리 스키는 움직이는 왁스가 필요하다?

크로스컨트리 스키는 스키 왁스에 있어서 특별한 도전 대상이다. 한 발씩 뗄 때마다 스키의 활주면은 힘차게 바닥을 밀고 나갈 수 있도록 눈에 잘 붙어야 한다. 그런 다음 한 번에 순간적으로 눈에서 떨어져야 하고 다음의 정지 상태까지 최소한의 저항으로 활주로 위를 미끄러져 나가야 한다. 이것은 쉬운 일이 아니다! 바닥을 미는 동작에서 스키에 높은 압력이 작용한다. 이때 사용되는 왁스는 눈 결정체가 이 높은 압력에서 천분의 몇 초 안에 왁스층에 파고들어서 그립grip이 가능할 만큼 단단한 왁스여야 한다. 활주glide 단계가 다시 시작되는 즉시 눈의 표면은 단단하게 걸려 있던 결정체들을 왁스에서 문질러 떼고 즉시 마찰을 줄인다.

봄철에 이미 여러 번 녹았다가 다시 언 오래된 눈 위에서 스키를 타면, 그리고 이때 아주 부드러운 왁스를 사용하면 위에서 설명한 것과 같은 과정을 직접 관찰할 수 있다. 바닥을 밀칠 때 스키의 활주면에는 얼음 알갱이들로 인해 마마자국과 같은 흔적이 생긴다. 하지만, 똑같은 얼음 알갱이들이 그 다음 이어지는 미끄러짐glide 단계에서 왁스층에 남았던 거친 구조를 다시 문질러 없앤다.

크로스컨트리 스키에서 그립과 글라이드의 최적의 혼합을 얻기 위해서는 왁스의 경도를 아주 신중하게 그때그때의 기온에 맞추어야 한다. 그래서 선택할 수 있는 다양한 종류의 왁스를 갖추고 있는 것이 나름 의미가 있다. 또한 예전에 나무로 만든 크로스컨트리 스키에 적용했던 기술도 도움이 될 수 있다. 먼저 부드러운 왁스를 활주면에 바른 후 그 위에 더 단단한 왁스를 덧바르는 것이다. 그립을 위해서는 눈 결정체가 단단한 왁스층을 통과해서 부드러운 왁스층을 파고들 수 있다. 그럼에도 단단한 바깥 왁스층이 완벽한 미끄러짐을 가능하게 해 준다.

스키 왁스 선구자가 우리의 일상을 바꾸다

20세기 초 노르웨이 출신의 엔지니어 에릭 로트하임Erik Rotheim도 스키 왁스란 주제에 깊이 파고들었다. 스키 활주면에 일일이 손으로 왁스를 칠하는 일이 너무 번거롭다고 생각한 그는 더 편한 해결책을 찾고자 했다. 그래서 로트하임은 왁스를 용제(溶劑)와 섞은 후 금속으로 된 깡통에 넣고 펌프로 분사제를 넣어 주었다. 이렇게 해서 로트하임은 현재 우리 일상에서 더 이상 빼놓을 수 없는 물건을 발명하였다. 바로 스프레이 캔이다.

하지만, 그 당시에는 스프레이 캔이 비실용적이었다. 용기의 벽이 두꺼워서 너무 무거웠고, 밸브를 작동시키는 즉시 전체 내용물이 완전히 나와 버렸기 때문이다. 로트하임은 1926년 처음으로 특허출원을 했고 자기 발명품의 미래 성장잠재력을 재빠르게 알아차렸다. 그래서 처음으로 제휴를 맺은 대상 중 하나가 바로 페인트공장이었다.

그러나 로트하임은 스프레이 캔의 성공을 생전에 직접 보지는 못하였다. 스프레이 캔의 대중화는 1940년대에 들어서야 이루어졌는데, 적당한 양이 정확한 위치에 분무될 수 있을 만큼 스프레이 헤드가 개량된 후의 일이다. 현재 독일에서만 연간 약 3억 5천만 개의 스프레이 캔이 사용되고 있다. 그중 대부분이 화장품과 개인위생용품 분야에서 이용되고 있다. 오존층을 파괴하는 염화불화탄소CFC가 수십 년 동안 스프레이 분사제로 사용되다가 오늘날에는 다른 무해한 물질로 대체되었다. 래커 스프레이에는 대부분, 캠핑용 버너의 연료로 사용되는 부탄가스와 프로판가스 혼합물이 사용된다.

스프레이 페인트라고도 불리는 이 래커 스프레이가—격론의 대상이 되곤 하는—새로운 예술 형태인 그래피티의 발전을 가능하게 했다. 그리고 그래피티의 상업화된 한 변종이 몇 해 전부터 전 세계에서 보행자 구역과 산책로를 점령했다. 이 새로운 종류의 거리예술을 위해서는 페인트 자국이 보도나 도로에 남지 않도록 우선 보도나 도로 포장 일부를 꼼꼼하게 덮어 준다. 엄청난 양의 래커 스프레이 그리고 화분 받침과 마구 구겨놓은 광고전단지들과 같은 몇 가지 간단한 도구를 이용해서 그래피티 예술가들은 숨 막힐 듯 빠른 속도로 기괴한 풍경화들을 그려 넣는다. 이 작업을 하는 사람들은 종종 천 조각이나 천으로 된 일반 마스크를 쓰고 작업을 하는 경우가 있는데, 좀 더 진지하게 건강을 생각하는 사람들은 전문가용 방독면을 쓴다.

요즘 스프레이에 대부분 무해한 분사제를 사용하고 있다면 왜 굳이 방독면까지 사용하는 걸까? 단지 좀 더 드라마틱한 분위기를 연출하기 위한 것일까, 아니면 방독면을 이용해서 혹시 외계인 흉내라도 내려는 것일까? 분명히 그것이 다는 아닐 것이다.

스프레이 캔은 분사제 외에도 용제를 포함하고 있는데, 용제는 오랜 시간 집중적으로 흡입할 경우 건강에 해가 될 수 있다. 또한 첫눈에 해가 없는 듯이 보이는 부탄가스와 프로판가스 혼합물(천연가스의 주요성분인 메탄가스와 더불어 천연가스에도 함유되어 있고 우리가 가정에서 사용하는 가스레인지의 연료로도 사용된다)도 직접 코에 대고 냄새를 맡을 경우 심한 부작용을 일으킬 수 있다. 냄새를 맡아보겠다고 혹시나 가스레인지에 직접 코를 대고 있다가 모르고 전기 점화장치를 작동할 경우 콧수염이나 코털이 홀라당 다 타버릴 수도 있다. 하지만, 꼭 점화장치를 작동하지 않더라도 위험하긴 마찬가지다. 부탄과 프로판 혼합물을 많이 흡입하면 환각 상태가 일어날 수 있는데, 자주 흡입할 경우 중추신경계를 손상시킬 수 있다.

물론 그 부정적 효과가 잘 알려져 있는 환각흡입물질(예를 들어 본드와 같은 휘발성 유기용제)만큼 강하지는 않지만, 그럼에도 위험하다. 본드와 같은 흡입제는 값싸고 합법적으로 구입할 수 있는 마약성분이다. 이것은 남유럽이나 러시아의 거리를 떠도는 아이들이 여전히 많이 사용하고 있으며 매년 여러 명의 사망자를 낸다. 가장 큰 위험은 흡입제를 사용할 경우 의식이 혼미해져 겨울철에는 추위를 느끼지 못해 동사할 수도 있다는 것이다.

스키 왁스에 대한 반란

이제 스키 왁스로 다시 돌아가 보자. 스웨덴 출신의 재료과학자 레오니드 쿠즈민Leonid Kuzmin에게는 스키 왁스를 힘들게 손으로 문질러 바를지, 다리미를 이용할지 아니면—중독의 위험을 무릅쓰고—스프레이 캔으로 뿌려서 입힐지의 문제는 전혀 중요하지 않다. 쿠즈민은 '왁스 없이도 할 수 있는 운동'의 열렬한 옹호자이다. 그는 자신의 아이디어를 1917년 이래 최대의 혁명이라 공공연하게 일컫는다.

실험용 토끼의 역할을 한 사람은 뛰어난 크로스컨트리 스키 선수인 쿠즈민의 아내였다. 쿠즈민은 아내의 코치였다. 수개월 동안의 훈련 후 그의 아내는 왁스를 칠하지 않은 스키와 함께 1995년에 북유럽에서 열린 스키 월드 챔피언십에 출전했다. 그리고 그녀는 동메달 두 개를 획득했다.

그 이후 쿠즈민은 외스테르순드Östersund 대학(다리 아래층은 철교이고 위는 자동차가 다니는 도로로 구성되어 있는 사장교cable-stayedbridge 중 세계에서 가장 긴 다리가 있는 외레순Öresun 해협과 혼동하지 말 것!)에서의 연구를 통해 왁스 비사용에 대한 과학적 근거를 마련하기 위해 노력하고 있다. 그는 여러 차례 연구로 왁스를 칠한 스키와 칠하지 않은 스키를 비교해 왔다. 한편으로는 활주속도를 측정하고, 또 소형 카메라를 이용해 활주 중에 활주면에 쌓이는 오염물 입자들을 관찰했다. 그 결과, 처음에는 왁스칠한 스키의 미끄러짐이 더 좋다. 그러나 몇백 미터만 지나면 그런 장점은 사라진다. 왁스칠이 된 면적에는 더 많은 오염물질이 달라붙어 떨어지지 않는다. 오염물 입자들이 왁스층에 박혀서 왁스를 칠하지 않은 스키보다 오히려 활주성을 떨어뜨린다.

오염물질이 심하게 달라붙는 이유는 무엇보다도 스키판의 정전기 때문이다. 정전기의 원리는 다음의 간단한 실험으로 확인할 수 있다.

TIP

풍선과 정전기

바람을 넣은 풍선의 표면을 털스웨터에 몇 번 문지른다(사이사이 옷에서 떼어 주면서 항상 같은 방향으로 문지를 것). 그리고 책상 위에 후추와 소금을 섞어 쏟아놓고 털스웨터에 문지른 풍선을 가까이 가져간다. 마치 마술처럼 처음에는 후춧가루가 따라 올라오고, 풍선을 가까이 접근시키면 입자가 더 크고 무거운 소금 알갱이도 따라 올라온다. 이른바 마찰전기를 통해 풍선은 털스웨터의 전자를 빼앗아 와서 음전하를 띠게 되고, 그럼으로써 약한 양전하를 띤 알갱이들을 어느 정도 거리에서 잡아당길 수 있다.

스키 표면에서도 똑같은 일이 벌어진다. 쿠즈민의 연구에 따르면 정전기 효과는 왁스칠을 한 스키에서 더 크다. 그래서 제동 효과를 가져오는 오염물질이 더 많이 쌓인다. 쿠즈민의 결론에 의하면 튼튼하고 양질의 재질을 사용한 최신 스키 활주면은 왁스를 덧입힐 필요가 없다는 것이다. 그보다 더 좋은 방법은 표면을 강철 칼날을 이용해 때때로 매끄럽게 갈아주는 것이다. 사업 수완도 좋은 과학자인 쿠즈민은 자신이 운영하는 인터넷 쇼핑몰에서 필요한 도구를 판매하고 있다. 그는 자신이 소개한 방법을 이용하면 스키 선수들이 비용뿐 아니라 소중한 시간도 절약할 수 있다고 말한다. 그리고 왁스칠을 하는 데 드는 시간을 차라리 훈련에 쏟으라는 조언도 잊지 않는다.

인공눈 - 눈의 예술?

눈은 오스트리아 산간지대의 겨울 여행 산업을 지탱하는 가장 중요한 요소이다. 눈이 오지 않으면 여행객도 오지 않는다. 그래서 스키장 주변 숙박업소 주인들은 11월부터 애타게 눈구름을 고대한다. 30년 전에는 상당수 스키장 지역에서 손님들에게 그 겨울 눈 사정이 좋을 거라는 보증서를 발급하고는 했다. 하지만, 유난히 따뜻한 겨울이면 이 보증서가 어쩔 수 없이 주인들의 경제적 손해로 이어지고는 했다. 그들은 사비를 들여 손님들을 빙하스키장으로 운송했다. 하지만 손님

와우!
드디어 새 눈이
내리는군!

들은 그곳에 가도 온갖 지역에서 온 수많은 사람들로 리프트를 한 번 타려면 하염없이 기다려야 했다. 그러니 여행객들은 당연히 불만족스러울 수밖에 없었다.

그러던 중 물리학의 도움이 나타났다. 물리의 도움으로 특정한 조건에서 인공적으로 눈을 만들 가능성이 생긴 것이다. 구름으로부터 조용하게 보슬보슬 떨어지는 눈 대신 오늘날에는 제설기에서 큰 소리를 내며 하얀 눈이 쏟아져 나온다. 눈이 많은 겨울에도 대부분의 스키 슬로프에 인공눈이 뿌려지고, 그렇게 봄까지 스키를 즐길 수 있는 확실한 기반을 제공한다. 요즘에는 심지어 빙하스키장에도 제설기를 이용해 인공눈을 뿌린다. 너무 일찍 빙하얼음이 드러나서 슬로프의 활주성이 떨어지는 것을 막기 위해서다.

초기 제설기는 '강판 원리'에 의해 작동했다. 물을 커다란 얼음덩어리로 얼린 후 회전하는 강판으로 갈아서 압력호스를 통해 슬로프에 뿌렸다. 당시의 인공눈은 사실 눈이 아니라 간 얼음이었다. 이런 작은 얼음 조각들이 덮인 슬로프에서 스키를 타는 것은 당연히 큰 즐거움은 아니었다. 이보다 훨씬 나은 결과를 보여 준 것이 일명 '눈 쏘는 대포'로 불리는 요즘의 제설기이다.

대포형 제설기의 발명은 사실 우연히 이루어졌다. 1940년대 캐나다에서는 비행기 터빈의 빙결 위험을 검사하고자 했다. 그래서 영하의 날씨에 가동된 비행기 동력장치에 물을 부었다. 하지만, 실험이 원하는 대로 이루어지지 않았다. 화가 난 담당자는 실험기록에 동력장치 뒤에서 계속 눈덩이를 치웠어야 했다고 써넣었다. 그 사람은 자신의 '발명품'이 가진 대단한 잠재력을 인식하지 못했다.

몇 년 후 미국에서 한 엔지니어가 새로운 잔디 스프링클러 시스템을 개발하기 위해 노력하던 중, 넓은 면적에 물을 주기 위해 물에 압축공기를 섞는 시도를 했다. 한번은 영하의 날씨에 똑같은 시도를 했는데 살수시설에서 흰 눈이 나온 것이다. 이렇게 '눈 쏘는 대포' 제설기가 탄생하였다.

인공눈을 만드는 데에는 우리가 이미 여러 번 접했던 증발 냉각이라는 물리적 현상이 관계되어 있다. 제설기 안에서 물은 작은 물방울들로 흩뿌려지고, 일부가 증발하면서 얼음 결정이 만들어질 만큼 물방울을 냉각한다. 주변 공기가 건조할수록 증발이 더 잘 이루어지고, 그러면 냉각도 그만큼 더 잘 이루어진다.

인공눈 만들기에 관계된 두 번째 물리적 현상은 우리가 자전거펌프를 통해 알고 있는 원리이다. 이것은 바로 가스를 압축하면 그 온도가 상승하는 원리이다. 제설기의 경우 압축기로 공기에 높은 압력이 가해지고 이때 공기의 온도가 올라간다. 공기는 압축호스 안에서 밖으로 나가길 기다리는 동안 다시 주위 온도로 냉각된다. 마침내 공기가 분사구를 통해 바깥으로 나오게 되면 압력은 갑자기 낮아지고 공기는 오히려 주위 온도보다 낮은 온도로 냉각된다. 이때 이 공기와 같이 바깥으로 살포된 일부 물방울은 즉각 작은 얼음 결정으로 얼어붙는다. 이들은 결국 응결핵의 역할을 하게 되는데, 이 응결핵에 의해 나머지 물방울들이 응축되면서 더 큰 눈 결정을 형성하게 된다. 이 과정은 인공눈 결정체들이 땅에 떨어지기 전에 완결되어야 한다. 따라서 물방울들을 가능한 한 오랫동안 공기 중에 머물게 하는 것이 중요하다.

비행기 동력장치를 생각나게 하는 제설기의 프로펠러는 비스듬하게 위로 향하는 강한 기류를 형성한다. 흩뿌려진 물방울들은 흰 눈으로 바뀌기까지 최대 20초까지 시간이 있다. 프로펠러식 제설기는 지금까지 가장 널리 이용되는 대포형 제설기이다. 그 이유는 무엇보다도 고정된 장소에 설치되는 것이 아니라 유연하게 이동식으로 사용될 수 있기 때문이다. 그러나 이 장점은 이제 그 의미가 퇴색하고 있다. 오늘날에는 전체 슬로프를 다 인공눈으로 덮는 스키장이 점점 더 많아지고, 이를 위해서 고정식 제설기계가 설치되는 경우가 많기 때문이다. 이 제설기계들은 대부분 이른바 창 형태를 가진 순수한 압축공기 제설기이다.

창 형태의 고정식 제설기계는 최대 12미터 높이의 알루미늄 관으로 대부분 비스듬하게 슬로프 위에 설치되어 있다. 그리고 제설기의 끝에 있는 노즐에서 분사된 물과 압축공기가 함께 뿜어져 나온다. 뿜어져 나온 공기는 넓게 퍼지면서 냉각되고, 그러면서 얼음핵이 생성되어 이 얼음핵에 의해 분사된 물의 결정화가 이루어진다. 창같이 생긴 알루미늄 관의 높이가 높을수록 결정 형성을 위한 시간이 길어진다. 뿐만 아니라 고운 눈 결정을 흩날리게 할 바람도 시간을 벌 수 있다. 그래서 멀리서 봤을 때 슬로프 가장자리 훨씬 바깥쪽까지 인공눈이 뿌려져 있는 것으로 보아 긴 창 모양의 제설기가 사용되었다는 것을 알 수 있다. 창 모양 제설기는 프로펠러 제설기보다 에너지가 적게 필요한 대신 살포 중에 손실되는 눈의 양이 훨씬 많다.

12월은 말할 것도 없고 이미 11월부터 겨울 스포츠를 제공하는 장소에서는 애타게 제설기를 작동할 시기가 되기를 기다린다. 제설을 위해서는 일반적으로 바깥 온도가 영하 3℃는 되어야 한다. 공기가 아주 건조할 때만 영상 1℃까지도 제설이 가능할 정도로 증발냉각이 잘 이루어진다.

높은 기온에서도 인공눈을 만든다?

높은 기온에서도 인공눈을 만드는 방법을 찾기 위한 노력이 꾸준히 계속되고 있다. 이와 관련하여 미국에서 발견된 방법이 하나 있다. 물에 특정 박테리아를 섞는 것인데, 이 박테리아는 약간 높은 온도에서도 결정 형성이 시작되도록 만든다. 이 박테리아들은 물론 투입 시에 이미 생존 불가능한 상태이기 때문에 더 이상 번식도 불가능하다. 그럼에도 이 기술은 상당히 논란의 여지가 있다. 겨울 스포츠를 즐기는 대다수의 국가에서 현재 이 시스템의 사용이 허용되고 있는데, 독일과 오스트리아에서는 사용이 금지되어 있다.

티롤 지방 피츠탈 빙하스키 리조트에서는 얼마 전부터 아주 새로운 시스템을 이용하고 있다. 이스라엘에서 개발된 진공 얼음 기술에 기초한 시스템인데, 사전에 냉각된 물방울들이 저압실 안으로 분사되는 것이다. 그중 일부가 증발하면서 나머지 물방울들을 눈 결정이 형성될 만큼 냉각한다. 이것으로 외부 온도와 거의 상관없이 눈이 만들어질 수 있고, 원칙적으로는 여름에도 인공눈으로 빙하 슬로프를 덮어 줄 수 있다. 한 가지 단점은 이 시스템의 에너지 소비량이 엄청나다는 것이다.

인공눈 슬로프에서 보내는 겨울 휴가와 관련하여 또 한 가지 중요한 질문은, 인공눈 슬로프에서의 부상 위험이 자연설 슬로프에서보다 과연 더 큰가이다. 여기에 대한 답은 물리학에서 찾을 수 있다. 인공눈은 동그란 얼음 알갱이들을 많이 포함하고 있고, 그래서 자연설과 비교하면 현저히 더 높은 밀도를 가진다. 막 새로 내린 자연설의 무게가 종종 1입방미터당 100킬로그램에 못 미치는 반면 인공눈의 무게는 300에서 500킬로그램에 달한다. 즉 인공눈 슬로프는 더 단단하고, 그래서 스키가 쉽게 모로 기울어지기 때문에 넘어질 위험이 훨씬 커진다. 얼음 알갱이가 많이 포함된 인공눈 위에서 넘어지면 특히 어깨와 골반 및 허벅지 부위의 부상 위험이 크다.

그러니 자연설은 한물간 눈이 아니다. 자연설은 눈의 양이 충분하다는 전제 아래 활주성이 좋은 훌륭한 스키 슬로프와 아름다운 겨울 풍경을 구성하는 최고의 토대이다. 인공설은 그저 부분적으로만 자연설을 대체하거나 보완할 뿐이다.

훌륭한 손난로

빛을 받아 반짝거리는 눈, 몽환적인 겨울 풍경 그리고 스키 슬로프에서의 번개같이 빠른 활강. 겨울 스포츠를 즐기는 모든 사람의 꿈이다. 그런데 이렇게 멋진 체험을 방해하는 것이 있다. 소위 혁명적이라는 기능성 재질로 만든 비싼 장갑을 끼고 있어도 얼마 지나지 않아 손가락은 얼어붙는 듯이 시리고 결국 스키를 그저 즐길 수만은 없는 상황이 되는 것이다.

이때 이용할 수 있는 것이 바로 과학이다. 특히 이 경우 핫 패드 속에 숨은 과학 원리가 추위를 이기는 데 큰 도움이 된다. 핫 패드는 요즘 어디에서나 쉽게 구할 수 있다. 그 플라스틱 주머니의 중요성은 특히 스키 리프트, 슬로프에서, 혹은 눈썰매나 스케이트를 탈 때 온전히 드러난다. 핫 패드는 몇 분만 뜨거운 물에 넣어 가열하면 내용물이 투명한 액체로 변하고, 필요할 경우 그 상태로 며칠에서 몇 주까지 우리 손을, 그리고 더불어 마음까지 덥혀 주려고 기다린다. 핫 패드에 저장된 열이 필요한 때가 오면 그 액체 안에 들어 있는 작은 금속판을 꺾어 주면 된다. 그러면 갑자기 불투명하고 딱딱한 재질의 섬이 생기고, 이 섬이 둥근 모양으로 점점 확장된다. 잠깐 후 주머니 전체가 딱딱해지고 기분 좋은 정도로 적당히 따뜻해진다.

소중한 열을 괜히 낭비하지 않고 (예를 들어 핫 패드를 장갑 안에 넣는다거나 하는 방법으로) 잘 단열된 상태로 유지하면 보온 효과가 한 시간에서 두 시간까지 유지된다. 열이 다 방출된 핫 패드를 집에 돌아와서 뜨거운 물에 넣고 가열하면 내용물은 다시 액체로 변하고, 이렇게 이 작은 손난로는 계속해서 재사용할 수 있다.

그렇다면 불가사의하게도 열을 저장했다가 다른 시점에 방출하는 이 작은 패드에 숨겨진 비밀은 무엇일까? 여기에서는 열이 발생하지만 놀랍게도 얼음 결정이 형성될 때와 같은 원리가 작용한다. 이를 확실하게 알아보기 위해 다음과 같은 간단한 실험을 생각해 보면 된다.

꽁꽁 언 얼음덩어리를 냉동실에서 꺼내어 냄비에 담은 다음 약한 불의 오븐 안에 넣는다. 그리고 매분 얼음덩이의 온도를 측정한다. 영하 18℃에서 시작할 때, 간단하게 하기 위해 온도가 1분 지날 때마다 정확히 1℃씩 상승한다고 가정하자. 그러면 18분이 지난 뒤 온도는 0℃에 도달할 것이고 얼음덩이는 녹기 시작할 것이다. 그런 다음 흐르는 몇 분의 시간 동안—여기가 바로 이 문제의 핵심이다—얼음은 천천히 녹고 계속 열은 가해지겠지만 그사이 온도는 전혀 변화가 없을 것이다. 얼음 녹은 물에 더 이상 얼음 결정이 하나도 남아 있지 않을 때에서야 비로소 온도는 다시 상승하기 시작한다. 그것도 그 이전과 똑같이 매분 1℃씩이다. 얼음덩이는 녹는 데, 다시 말해 고체 상태에서 액체 상태로 변하는 데 일정한 양의 열이 필요하고, 이 열은 액체에 저장된다. 반면 그 반대 과정, 즉 물이 얼어서 얼음이 되는 과정에서는 액체에 저장되어 있던 융해열을 다시 주변에 내놓는다.

융해 과정을 조금 더 자세하게 살펴보자. 고체인 얼음덩어리는 고른 격자무늬 구조로 정렬하고 있는 수많은 물 분자들로 이루어져 있다. 모든 분자는 격자 안에서 각자 자기만의 정해진 자리가 있고, 그곳으로부터 움직일 수 없다. 그래서 얼음덩이는 변형시킬 수 없다. 분자가 보여 주는 유일한 움직임은 제자리에서 보이는 작은 떨림이다. 온도가 높을수록 이 진동운동은 더 강해진다. 모든 고체에는 특정한 융해온도가 있다. 이 녹는점에서는 결국 분자들이 격자를 이탈할 정도로 진동운동이 강해진다. 그러니까 얼음 결정이 녹을 때 모든 개별 분자에는 그 분자가 강한 진동을 통해 격자감옥에서 풀려날 만큼의 에너지가 공급되어야 한다. 이렇게 풀려난 모든 분자는 자유롭게 서로를 지나쳐 움직일 수 있고, 그러면서 액체 상태의 물을 형성하고 계속해서 경쾌하게 진동한다.

물이 다시 냉각되어서 온도가 0℃에 도달하면 개별 분자의 진동운동은 분자가 결정격자 안으로 잡혀 들어가는 것을 더 이상 방어할 수 없을 만큼 다시 약해진다.

하지만, 물이 실제로 얼어서 얼음이 되기 위해서는 첫 물 분자들이 달라붙어 있을 수 있는 응결핵이 필요하다. 우리가 마시는 식수에는 수많은 미세한 무기질 결정들이 들어 있고 이 결정들이 얼음 결정을 형성하는 데 응결핵 역할을 한다. 이와 달리 불순물이나 미네랄을 완전히 제거한 증류수는 0℃ 이하까지도 냉각이 가능하며, 영하의 온도로 내려가도 계속 액체 상태로 남는다. 물 분자들은 이미 한참 전에 얼음 결정을 만들 준비가 된 상태이겠지만 응결핵이 없기 때문에 달라붙을 곳이 없다.

과냉각된 액체

우리가 손난로 안에 만드는 것이 바로 그런 과냉각된 액체이다. 핫 패드를 뜨거운 물에 담그면 물과 그 물에 녹아 있는 아세트산나트-3수화물sodium acetate trihydrate로 이루어진 핫 패드 내용물이 녹는다. 화학자는 아마도 여기서 소금 결정은 녹지 않고 자체 '결정수'에 용해되는 것이라고 이의를 제기할 것이다. 그러나 작동 방식을 이해하는 데 있어서는 이런 상세한 내용이 중요하지 않다. 핫 패드 내용물이 이어서 실온 혹은 심지어 스키장 온도까지 냉각된다고 하더라도 온도가 이미 자체 녹는점인 58℃보다 훨씬 낮은 상태이기 때문에 벌써 결정이 형성되었어야 한다. 그러나 내용물이 아주 깨끗한 플라스틱 주머니에 포장되어 있기 때문에 결정화를 위한 응결핵 역할을 할 수 있는 불순물이 전혀 없다. 그래서 내용물은 (일시적으로) 액체 상태로 남아 있게 된다.

이제 꺾어 주는 금속판이 등장할 차례이다. 우리는 이 효과를 사과퓌레나 아기 이유식 병을 열 때 뚜껑이 딸깍하고 열리는 데에서 이미 알고 있다. 뚜껑을 힘껏 돌리면 뚜껑 가운데가 빠른 속도로 앞으로 움직이고, 그러면서 주변의 공기 분자들을 압축하여 작은 충격파를 만들어낸다. 이 충격파가 우리 귀에 닿으면 그 진동이 고막에 전달되면서 '뽕' 하는 소리로 지각된다.

이미 자체 어는점보다 훨씬 낮은 온도로 과냉각된 액체 안에 있는 작은 금속판도 충격파를 발생시킨다. 그런 다음 자세하게 무슨 일이 벌어지는가에 대해서는 물리학자들 간에도 아직 논쟁이 진행되고 있다. 한 가지 이론에 따르면 충격파에 의해서 몇몇 액체 분자가 서로 강하게 눌려 고리처럼 걸리고 그렇게 얼음 결정의 핵을 만든다고 한다. 이 이론에 반대하는 사람들은 금속판이 그 내부에 귀한 소금 결정을 몇 개 보관하고 있다고 주장한다. 금속판을 꺾을 때 틈새 형태였던 보관소들이 열리고 거기서 나온 소금 결정들과 과냉각된 액체가 서로 만나게 된다는 것이다.

어찌됐든 금속판을 꺾을 때 마침내 결정핵이 생성되고, 이 결정핵에 주변 분자들이 달라붙는다. 우리는 금속판을 꺾고 난 뒤 결정이 얼마나 빠르게 둥근 모양으로 확장되는지 잘 관찰할 수 있다. 하지만, 이와 함께 이전에 뜨거운 물에서 가열되었을 때 저장되었던 융해열도 갑자기 다시 자유로워져서 주변으로 전달된다. 그래서 핫 패드는 우리가 느낄 수 있을 정도로 따뜻해진다. 격자 안에 갇혀 있으면 분자들은 자유로운 상태에서보다 훨씬 약하게 진동한다. 남는 진동에너지는 장갑 속에서 핫 패드와 가깝게 접촉하고 있는 손에 전달된다. 이로써 그 분자들은 더 강하게 진동하고 따라서 더 높은 온도를 갖는다.

여름의 열기를 겨울을 위해 저장하기

앞에서 설명했던 과학 원리가 첫눈에는 아주 간단해 보이고 그 원리의 적용이 아직 보잘 것 없어 보이지만 기발하면서 단순한, 하지만 무엇보다도 저렴한 이 기술이 미래에는 더 큰 규모로 이용될 수 있을 것이다.

에너지를 장기간 저장하는 것은 여전히 기술적으로 해결되지 않은 문제이다. 전기에너지 같은 경우는 축전지에 저장할 수 있지만, 축전지는 아주 비싸고 시간이 흐르면서 방전되어 중기적으로 에너지가 손실된다. 지금까지는 발전소에서 나오는 잉여전기를 지속적으로 대량 저장할 방법으로는 간접적인 방법만 한 가지 있을 뿐이다. 예를 들어 강물을 이용한 수력발전소는 하루 종일 같은 양의 전기를 생산한다. 그런데 밤 시간에는 전력수요가 줄어들어서 생산된 전기의 일부분만 사용된다. 반대로 많은 가구에서 동시에 전기레인지를 사용하는 점심 때에는 수요를 다 감당하지 못할 수도 있다. 이러한 편차를 상쇄하기 위해 다음과 같은 방법이 이용된다. 밤에는 수력발전소에서 나온 잉여전력으로 산속에서 계곡 아래 물을 계곡 위쪽에 위치한 저수지로 수송하는 전기펌프를 가동한다. 이로써 전기에너지는 간접적으로 저수지에 중간 저장되는 것이다. 낮에는 수문을 열어서 압력호스를 통해 물을 계곡에 있는 터빈으로 보내고 이렇게 필요한 서지전류(surge current, 순간적으로 흐르는 큰 전류)를 생산한다. 물론 터빈 안에서 물의 운동에너지가 전기에너지로 변환될 때뿐 아니라 펌프에서 반대 방향으로 변환이 이루어질 때에도 항상 상당한 양의 전류가 손실된다. 적어도 물을 저수지에 저장하는 동안에는, 저수지 수면의 확대로 인한 최소한의 증발손실을 제외하고는 장기간 전력손실이 없다.

핫 패드의 원리는 열에너지를 장시간 에너지 손실 없이 저장하는 데 사용할 수 있을 것이다. 예를 들어 태양열 시설이 설치되어 있는 단독주택이 잠재적인 적용 분야가 될 것이다. 지금까지는 태양광선이 강한 시간에 얻어진 열을 대형 온수 보일러에 중간 저장하였다. 야간과 날씨가 흐린 날에는 이 열이 난방과 온수에 사용될 수 있다. 하지만, 이 열은 아무리 단열에 신경을 써도 며칠 지나지 않아 열방사heat radiation와 열전도heat conduction에 의해 손실된다. 그런데 만약 주택 지하에 특정한 수량의 거대한 핫 패드로 채워진 큰 공간이 하나 있다면 태양이 뜨거운 7월에 태양열 시설에서 나오는 잉여열을 핫 패드를 점차적으로 액화하는 데 이용할 수 있을 것이다. 추운 1월에는 그렇게 반년 넘게 손실 없이 저장되었던 열을 활성화하여 난방장치에 공급하는 것이다.

티롤 지역에서는 얼마 전부터 열을 콘테이너에 저장해 운반하는 프로젝트를 개발하고 있다. 이 프로젝트는 산업체와 개별 가구에서 사용되지 않은 폐열을 사용할 수 있게 하자는 아이디어에서 출발하였다. 하지만, 원거리 난방관을 설치하는 것은 지형적 여건 때문에 실현이 쉽지 않다. 여기에는 컨테이너 화물차에 대형 핫 패드를 여러 개 넣는 방법이 해결책이 될 수 있을 것이다. 병 회수 시스템에서처럼 컨테이너를 산업폐열로 '채우는' 것이다(내용물이 액화된 상태로). 그런 다음 그 열을 필요할 때 '불러내서'(금속판을 꺾어서) 사용할 수 있는 구매자에게 운반한다. 모든 열을 다 사용한 다음에는 컨테이너를 다시 해당 산업체에 가져가서 새로 폐열을 채워준다.

현재 핫 패드는 주로 작은 공간에서, 모자가 달린 방풍용 재킷 주머니 속이나 유모차 안 또는 장갑 속에서 사용되면서 스키나 눈썰매를 즐기는 사람들에게 도움을 주고 있다.

다음에 소개된 실험도 몸을, 그리고 정신까지도 따뜻하게 덥혀 주는 열을 제공한다. 지금까지 소개되었던 실험들보다는 재료비가 좀 많이 들겠지만 그래도 충분히 해볼 만한 가치가 있다.

TIP

파이어 토네이도

재료:

- 라이터 휘발유
- 작고 둥근 접시
- 회전판(스웨덴의 유명한 가구 브랜드에서 판매하는 회전판 중에 지름 약 40cm의 목재로 된 것이 있다. 구입할 때는 회전판이 쉽게 잘 돌아가는지 확인하도록 한다. 가장 좋은 방법은 매장에 나와 있는 회전판을 다 시험해 보고 가장 오래 돌아가는 제품을 선택하는 것이다.)
- 경우에 따라서 회전판 위에 올려놓을 수 있는, 회전판 크기에 맞는 내화성 있는 받침
- 그물코 크기가 약 1mm에 폭 80~100cm, 길이 약 2.5m 되는 철망(방충망)
- 클립, 압핀 그리고 경우에 따라 접착테이프

철망을 지름이 35cm 정도 되는 원통 모양으로 말아서 클립으로 고정한다. 원통의 지름은 가능한 한 커야 할 뿐 아니라 확실하고 안정적으로 회전판 위에 서 있을 수 있어야 한다. 압핀을 이용해서 원통을 회전판에 고정한다. 회전판을 돌리면 철망으로 만든 원통도 균일하게 함께 돌아가야 한다. 그리고 작고 둥근 접시를 정확하게 회전판

중앙에 놓고 라이터 휘발유를 5ml가량 접시에 채운다. 내화성 있는 받침이 있으면 목재 회전판을 보호하기 위해 회전판 위에 올려놓는다. 휘발유에 불을 붙인 후 회전판을 조심스럽게 돌린다.
이제 최대 1m 높이의 불 회오리가 일어나야 한다. 연료가 남아 있고 회전판이 돌아가는 한 불 회오리는 계속된다.

철망이 회전함에 따라 회전판 위의 공기기둥도 회전한다. 불꽃의 열이 기둥의 중심에서 열상승기류를 발생시킨다. 회전과 상승기류의 상호작용으로 공기 중에 나선 형태의 소용돌이가 만들어진다. 이 소용돌이를 따라 불꽃 모양이 만들어진다. 소용돌이는 차갑고 산소를 더 많이 함유하고 있는 공기를 소용돌이의 중심으로 빨아들인다. 이로 인해 연소가 더 강화되고 불꽃의 높이도 훨씬 높아진다.

불 회오리를 만들기 위한 최적의 회전속도가 있다(이 속도는 그리 크지 않다). 회전판을 너무 천천히 돌리면 소용돌이가 완전히 형성될 수 있는 에너지가 부족하다. 반대로 너무 빨리 돌리면 난류 효과가 소용돌이를 방해한다. 회전이 빠르면 무엇보다도 불타는 휘발유를 쏟을 위험이 있다. 이 실험은 아주 조심해서 실행해야 하고 어린이나 청소년은 절대 혼자서 실험하는 일이 없도록 한다.

불 회오리는 철망 원통이 가능한 한 둥글고 정확하게 중앙에 위치하고 있을 때 가장 잘 일어난다. 물론 이것은 주위가 완전히 어두울 때 효과를 가장 잘 발휘하고 아주 인상적인 경험을 안겨준다.

맺음말

친애하는 독자 여러분,

이 책을 읽는 동안—여행에서건 일상에서건—눈과 귀를 열고 세상을 바라보아야 인상적이고 신비하며 기이하고 유용한 물리적 현상들을 경험할 수 있다는 걸 느꼈기를 바란다.

과학을 알면 어떤 특별한 경험을 위해 굳이 힘들고 먼 여행길에 나서지 않아도 된다.

비엔나 슈테판 대성당의 유명한 푸메린Pummerin 종을 한번 예로 들어볼까? 이 종은 17세기 터키 침략군을 몰아낸 후 그들이 남기고 간 대포들을 수거해 녹여 만든 거대한 종으로 무게가 자그마치 22톤이 넘는다. 그런데 제2차 세계대전이 끝나갈 무렵 슈테판 대성당이 화재를 당했을 때 나무로 된 종루가 불에 타 푸메린 종이 아래로 추락해 부서지게 되었다.

몇 년 후 성당 재건의 상징으로 종을 새로 제작했는데, 현재 이 종은 종탑에 매달려 있고 흔들어서 울리는 형태의 종들 중 세계에서 다섯 번째로 무거운 종이다.

푸메린 종은 그 소리가 깊고 울림이 오래가는 것으로 유명하다. 하지만, 유감스럽게도 이 종이 울리는 일은 극히 드물다. 매년 새해 첫날 오스트리아 텔레비전에서 방송되는 푸메린 종소리도 예전에 녹음해 두었던 것이다. 따라서 비엔나로 여행을 가도 푸메린 종소리를 들을 기회는 거의 없다고 봐야 한다. 혹시나 그때 우연히 교황이 선종한다면 모를까!

하지만, 과학은 아주 간단한 도구들을 이용해 푸메린 종소리를 언제든지 생방송으로 그리고 실제에 가깝게 들을 수 있게 해 준다. 그것도 바로 여러분의 집 안에서 말이다.

부엌으로 가서 오븐 안에 있는 그릴용 석쇠를 꺼내자. 그리고 석쇠의 모서리 두 군데에 각각 1미터가 채 안 되는 끈을 묶는다. 그리고 끈의 반대쪽 끝부분을 각각 양손 검지에 몇 번 감는다. 이제 누군가에게 끈에 매달려 있는 석쇠를 숟가락으로 두들겨 달라고 부탁하면 된다. 이때 들리는 소리는 아마 우리가 예상하는 그대로의 금속 소리일 것이다.

이제 이 실험의 하이라이트가 기다리고 있다. 먼저 양쪽 검지로 귀를 꽉 막는다. 이때 중요한 것은 다른 손가락들을 옆으로 쫙 벌려서 검지와 흔들리는 석쇠 사이에 연결된 끈을 건드리지 않도록 해야 한다는 것이다. 이제 도우미가 다시 숟가락으로 석쇠의 금속막대를 따라 긁어 주면 놀라운 울림을 경험할 수 있을 것이다.

음향진동은 보통 공기 분자에 의해 전달된다. 이때 음향에너지와 음향스펙트럼의 일부가 손실된다. 하지만, 진동하는 석쇠를 당겨진 끈을 통해 직접 귀와 연결하면 '석쇠 소리'가 큰 배음 스펙트럼과 함께 높은 강도로 전달될 수 있다.

나는 이 간단한 실험을 지난 몇 달 동안 비엔나 거리를 지나는 사람들을 대상으로 여러 번 실시해 보았다. 그리고 많은 사람들로부터 그 소리가 꼭 푸메린 종소리 같다는 반응을 들을 수 있었다.

감사의 말

이 책이 출간되기까지 여러 방면에서 많은 도움이 있었다. 지난 몇 해 동안 '대학과 대중의 만남'이라는 강연 프로젝트의 틀 안에서 진행되었던 내 강연에 참석한 모든 이들에게, 상당히 어려웠던 주제들임에도 보여 주었던 큰 관심과 본인에게 많은 자극이 되었던 활발한 토론에 대해 깊이 감사드린다. 그리고 내 아이들뿐 아니라 물리학에 대해 함께 토론할 기회를 가질 수 있었던 초등학교의 여러 어린이들에게도, 정말 창의적인 그들의 질문과 간혹 어떤 설명이 충분히 이해가 되지 않을 경우 맹렬한 기세로 꼬치꼬치 캐물었던 그들의 열정에 감사한다.

항상 혁신적인 영국의 내 동료들에게는 이 책에서 기술했던 실험들과 관련한 아이디어를 제공해 준 데 대해서뿐 아니라 물리학을 상투적이 아닌 방법으로 공공장소에서 소개하도록 격려해 준 데 대해 진심으로 감사드린다. 지난 몇 개월 동안 비엔나의 공원과 거리에서 진행한 실험에 참여해 주신 시민들에게도, 그리고 그런 흥미로운 만남이 이루어질 수 있었던 것에 대해서도 감사한다.

위버로이터Ueberreuter 출판사의 알프레드 쉬어러Alfred Schierer 씨는 사람들에게 과학을 쉽게 이해시키고자 노력했던 내 경험들이 책으로 출간될 수 있는 길을 터 주셨고 이 책의 출간과정을 큰 관심을 가지고, 또한 사려 깊이 담당해 주셨다. 게랄드 마이어호퍼Gerald Mayerhofer는 삽화를 통해 이 책을 새로운 차원으로 끌어올려 주었다.

특히 스키의 물리학과 관련된 여러 자극과 아이디어를 제공해 준 내 아버지께도 감사드린다. 그리고 내 아내 스테파니의 솔직한 피드백과 이 책의 질을 한층 높여 준 표현상의 도움에 대해서도 깊이 감사한다. 그녀는 너무 기술적이고 전문적으로 표현된 단락들을 뒤집어서 이해하기 쉬운 일상적인 맥락으로 손질해 주었다. 무엇보다도 여행지에서의 실험을 도와주고 참아준 데 대해 내 여행 동반자였던 아내와 네 명의 아이들에게 다시 한 번 감사한다.

위험한 물리

초판 1쇄 발행일 | 2010년 9월 14일
초판 2쇄 발행일 | 2011년 5월 12일

지은이 | 베른하르트 바인가르트너
삽 화 | 게랄드 마이어호퍼
옮긴이 | 이수연
펴낸이 | 김지영
펴낸곳 | Gbrain
편 집 | 최윤정
영 업 | 김동준 · 조명구
제 작 | 김동영
관 리 | 신미혜
디자인 | 한송희

출판등록 | 2001년 7월 3일 제2005-000022호
주소 | 121-895 서울시 마포구 서교동 400-16 3층
전화 | (02)2648-7224
팩스 | (02)2654-7696

ISBN 978-89-5979-197-2(13420)

* Gbrain은 작은책방의 교양 전문 브랜드입니다.
* 책값은 뒤표지에 있습니다.
* 잘못된 책은 교환해 드립니다.